"十四五"职业教育国家规划教材　　　　　　　名校名师精品系列教材

Development of Dynamic Web
Site Based on Java Web

Java Web
动态网站开发

第 2 版 | 微课版

张桓　李金靖　主编
丁明浩　副主编

人民邮电出版社
北京

图书在版编目（CIP）数据

Java Web动态网站开发：微课版 / 张桓，李金靖主编. -- 2版. -- 北京：人民邮电出版社，2024.10
名校名师精品系列教材
ISBN 978-7-115-63787-1

Ⅰ. ①J… Ⅱ. ①张… ②李… Ⅲ. ①JAVA语言－网页制作工具－教材 Ⅳ. ①TP312.8②TP393.092.2

中国国家版本馆CIP数据核字(2024)第039145号

内 容 提 要

本书从学习Java Web动态网站开发的角度出发，通过通俗易懂的语言、丰富的案例，详细介绍基于Java Web技术进行动态网站开发应掌握的核心知识。本书共8个项目，主要内容包括Java Web概述、JSP基础语法、JSP内置对象、Java Web的数据访问、JavaBean技术的应用、Servlet技术的应用、"天码行空"网站和"孕婴网"网站的设计与实现。

本书采用理论与项目案例相结合的方式进行讲解。全书内容丰富、系统性和应用性强，融入了编者多年教学与项目开发的经验及体会，利于读者了解基于Java Web技术进行动态网站开发的过程和精髓，快速掌握相关的知识和技能。

本书既可作为高职高专院校计算机及相关专业的教材，也适合初、中级Java Web动态网站开发人员自学或参考使用。

◆ 主　　编　张　桓　李金靖
　 副主编　丁明浩
　 责任编辑　刘　佳
　 责任印制　王　郁　焦志炜

◆ 人民邮电出版社出版发行　　北京市丰台区成寿寺路11号
　邮编 100164　　电子邮件 315@ptpress.com.cn
　网址　https://www.ptpress.com.cn
　北京隆昌伟业印刷有限公司印刷

◆ 开本：787×1092　1/16
　印张：15.75　　　　　　　　　　2024年10月第2版
　字数：384千字　　　　　　　　　2024年10月北京第1次印刷

定价：59.80元

读者服务热线：(010)81055256　印装质量热线：(010)81055316
反盗版热线：(010)81055315
广告经营许可证：京东市监广登字 20170147 号

前 言

经过多年的发展,Java Web 已经成为基于网络平台的 Web 应用开发的主流技术之一。本书以培养读者掌握 Java Web 的基本技能为出发点,结合编者从事 Java Web 教学与开发的实践经验,进行体系结构的设计与知识内容的编排,使 Java Web 的初学者建立起 Web 应用开发的编程理念,为今后的学习和工作打下坚实的基础。对于有一定基础的读者,本书能够使其更好地完善相关知识体系,将分散的知识点凝聚到 Java Web 应用开发这条主线上。

本书将 Java Web 应用开发的精髓知识分解为 8 个项目:项目 1~项目 6,主要围绕 Java Web 应用开发的基础知识点展开,包括 Java Web 概述、JSP 基础语法、JSP 内置对象、Java Web 的数据访问、JavaBean 技术的应用、Servlet 技术的应用;项目 7 与项目 8 围绕综合性的实际项目开发展开,包括基于 JSP + JavaBean 开发模型的"天码行空"网站的设计与实现及基于 JSP + JavaBean + Servlet 开发模型的"孕婴网"网站的设计与实现等。

本书在教学中,建议采用理论与实践一体化教学模式,参考学时见下面的学时分配表。

学时分配表

项目	课程内容	学时
项目 1	Java Web 概述	4
项目 2	JSP 基础语法	8
项目 3	JSP 内置对象	8
项目 4	Java Web 的数据访问	8
项目 5	JavaBean 技术的应用	8
项目 6	Servlet 技术的应用	8
项目 7	"天码行空"网站的设计与实现	10
项目 8	"孕婴网"网站的设计与实现	10
学时总计		64

Java Web 动态网站开发（第 2 版）（微课版）

　　本书提供了丰富的教学配套资源，主要包括课程标准、教学大纲、电子教案、微课教学视频、教学案例源代码、案例配套素材、课后习题答案等，可供读者学习或教学使用。党的二十大报告指出："教育是国之大计、党之大计。培养什么人、怎样培养人、为谁培养人是教育的根本问题。育人的根本在于立德。"本书在教学配套资源中拓展了"课堂与人生"这个单元，采取恰当方式自然融入中华优秀传统文化、科学精神、职业素养和爱国情怀等元素，注重挖掘学习与生活之间的紧密联系，将"为学"和"为人"有机地结合在一起。

　　本书的成稿得益于工学结合的编写团队。参与本书编写的成员均为国家级示范性高职院校的一线骨干教师，具备丰富的专业教学经验及项目实践经验，了解将理论知识转化为实际应用能力的过程。本书由张桓和李金靖担任主编并负责全书的统稿及审核，丁明浩担任本书的副主编。本书的项目 1～项目 3、项目 5 和项目 7 由张桓编写；项目 8 由李金靖编写；项目 4 和项目 6 由丁明浩编写。

　　在本书的成稿与出版过程中，很多专家及行业企业人员提出了许多的宝贵意见，出版社的编辑同志以高度负责的敬业精神付出了大量的心血。在此，对所有为本书的顺利出版提供过帮助的同人表示衷心的感谢！

　　由于编者水平所限，书中难免有不妥之处，敬请各位读者与专家批评指正。

编　者

2023 年 11 月

目 录 CONTENTS

项目 1 Java Web 概述 ······1

学习目标 ······1

课堂与人生 ······1

任务 1.1 Web 开发技术简介 ······1

    1.1.1 Web 技术概述 ······1

    1.1.2 Web 客户端技术概述 ······2

    1.1.3 Web 服务器技术概述 ······3

任务 1.2 JSP 开发技术概述 ······4

    1.2.1 JSP 技术基础概述 ······4

    1.2.2 JSP 页面元素的组成 ······4

任务 1.3 JSP 开发环境的搭建 ······5

    1.3.1 常用浏览器概述 ······5

    1.3.2 JDK 环境的安装与配置 ······6

    1.3.3 Tomcat 简介 ······8

任务 1.4 集成开发环境的安装与配置 ······9

    1.4.1 集成开发环境简介 ······9

    1.4.2 IDEA 的安装与配置 ······10

    1.4.3 Eclipse 集成开发环境的安装与配置 ······13

任务 1.5 拓展实训任务 ······15

    1.5.1 拓展实训任务简介 ······15

    1.5.2 拓展实训任务实现 ······16

项目小结 ······20

考核与评价 ······20

课后习题 ······21

项目 2 JSP 基础语法 ······22

学习目标 ······22

课堂与人生 ······22

任务 2.1 JSP 页面的组成 ······22

任务 2.2 JSP 语法构成 ······23

    2.2.1 JSP 脚本标记 ······23

    2.2.2 JSP 指令标记 ······27

    2.2.3 JSP 动作标记 ······29

任务 2.3 拓展实训任务 ······34

    2.3.1 拓展实训任务简介 ······34

    2.3.2 拓展实训任务实现 ······36

项目小结 ······40

考核与评价 ······40

课后习题 ······41

项目 3 JSP 内置对象 ······43

学习目标 ······43

课堂与人生 ······43

任务 3.1 JSP 内置对象简介 ······43

    3.1.1 JSP 内置对象概述 ······43

    3.1.2 内置对象之间的联系 ······44

    3.1.3 内置对象的作用域 ······45

| 任务 3.2 request 内置对象 45
| 3.2.1 request 内置对象的常用方法 ... 45
| 3.2.2 request 内置对象的应用 46
| 任务 3.3 response 内置对象 48
| 3.3.1 response 内置对象的常用方法 .. 48
| 3.3.2 response 内置对象的应用 48
| 任务 3.4 out 内置对象 49
| 3.4.1 out 内置对象的常用方法 49
| 3.4.2 out 内置对象的应用 49
| 任务 3.5 session 内置对象 50
| 3.5.1 session 内置对象的常用方法 ... 50
| 3.5.2 session 内置对象的应用 51
| 任务 3.6 application 内置对象 53
| 3.6.1 application 内置对象的常用方法 53
| 3.6.2 application 内置对象的应用 53
| 任务 3.7 拓展实训任务 58
| 3.7.1 拓展实训任务简介 58
| 3.7.2 拓展实训任务实现 60
| 项目小结 63
| 考核与评价 63
| 课后习题 64

项目 4 Java Web 的数据访问 66
| 学习目标 66
| 课堂与人生 66
| 任务 4.1 Java Web 数据访问技术 66
| 4.1.1 数据访问概述 66
| 4.1.2 JDBC 技术概述 68
| 任务 4.2 MySQL 数据库简介 71
| 4.2.1 MySQL 数据库的安装 72

| 4.2.2 建库和建表 76
| 4.2.3 SQL 简介 81
| 任务 4.3 数据库的连接 85
| 4.3.1 加载 JDBC 数据库驱动 85
| 4.3.2 连接 MySQL 数据库 86
| 4.3.3 连接其他常见数据库 88
| 任务 4.4 常用的数据访问操作 89
| 4.4.1 数据查询操作 89
| 4.4.2 数据排序操作 95
| 4.4.3 添加数据操作 96
| 4.4.4 修改数据操作 100
| 4.4.5 删除数据操作 103
| 任务 4.5 拓展实训任务 106
| 4.5.1 拓展实训任务简介 106
| 4.5.2 拓展实训任务实现 106
| 项目小结 109
| 考核与评价 109
| 课后习题 110

项目 5 JavaBean 技术的应用 111
| 学习目标 111
| 课堂与人生 111
| 任务 5.1 JavaBean 技术简介 111
| 5.1.1 JavaBean 概述 111
| 5.1.2 JavaBean 的种类 112
| 任务 5.2 JavaBean 的规则 113
| 5.2.1 JavaBean 编写规范 113
| 5.2.2 JavaBean 编写要求 113
| 5.2.3 JavaBean 命名规范 114
| 5.2.4 JavaBean 的包 114
| 5.2.5 JavaBean 的结构 114

任务 5.3　JavaBean 的应用…………114
 5.3.1　获取 JavaBean 的属性信息……114
 5.3.2　对 JavaBean 对象属性赋值……117
 5.3.3　JavaBean 使用中的常见
    问题…………………………121

任务 5.4　拓展实训任务………………128
 5.4.1　拓展实训任务简介…………128
 5.4.2　拓展实训任务实现…………128

项目小结……………………………………131
考核与评价…………………………………131
课后习题……………………………………132

项目 6　Servlet 技术的应用…………134

学习目标……………………………………134
课堂与人生…………………………………134

任务 6.1　Servlet 技术概述……………134
 6.1.1　Servlet 简介……………………134
 6.1.2　Servlet 的生命周期……………135
 6.1.3　Servlet 技术的特点……………137

任务 6.2　编写 Servlet 类………………138
 6.2.1　Servlet 类的结构………………138
 6.2.2　建立 Servlet 类…………………142

任务 6.3　编写 web.xml 配置文件……145
 6.3.1　配置虚拟路径…………………145
 6.3.2　配置 ServletConfig 对象………147
 6.3.3　配置 ServletContext 对象………149

任务 6.4　Servlet 类的访问……………150
 6.4.1　通过表单访问 Servlet 类………150
 6.4.2　通过 JSP 页面访问
    Servlet 类……………………153

任务 6.5　拓展实训任务………………154
 6.5.1　拓展实训任务简介……………154
 6.5.2　拓展实训任务实现……………156

项目小结……………………………………158
考核与评价…………………………………158
课后习题……………………………………159

项目 7　"天码行空"网站的设计与
　　　　实现……………………………161

学习目标……………………………………161
课堂与人生…………………………………161

任务 7.1　系统功能分析与设计………161
 7.1.1　系统功能结构分析……………161
 7.1.2　系统业务流程…………………162
 7.1.3　系统开发环境…………………162
 7.1.4　系统数据库设计………………163

任务 7.2　网站登录模块主要功能
   实现…………………………164
 7.2.1　网站项目准备工作……………164
 7.2.2　后台登录模块的主要功能
    实现…………………………167
 7.2.3　后台登录模块的测试运行……171

任务 7.3　网站新闻模块主要功能
   实现…………………………172
 7.3.1　后台新闻模块中类的实现……172
 7.3.2　后台新闻模块中核心页面的
    实现…………………………186
 7.3.3　网站前台新闻信息展示功能
    实现…………………………194

任务 7.4　拓展实训任务………………200
 7.4.1　拓展实训任务简介……………200
 7.4.2　拓展实训任务实现……………201

项目小结 ·· 203
考核与评价 ······································ 203
课后习题 ·· 204

项目 8 "孕婴网"网站的设计与实现 ··· 205

学习目标 ·· 205
课堂与人生 ······································ 205
任务 8.1　系统功能分析与设计 ·········· 205
  8.1.1　系统功能结构分析 ············ 205
  8.1.2　系统开发环境 ···················· 208
  8.1.3　系统数据库设计 ················ 208
任务 8.2　公共模块主要功能实现 ······ 211
  8.2.1　网站项目准备工作 ············ 211
  8.2.2　数据库连接类的实现 ········ 212
  8.2.3　保存分页功能的实现 ········ 213
  8.2.4　基本工具类的实现 ············ 216
  8.2.5　实体类的实现 ···················· 217
任务 8.3　会员管理模块的实现 ·········· 219
  8.3.1　会员管理模块中类的实现 ··· 219
  8.3.2　会员管理模块中 Servlet 的
     实现 ·· 225
  8.3.3　会员管理模块中 JSP 页面的
     实现 ·· 228
任务 8.4　拓展实训任务 ······················ 232
  8.4.1　拓展实训任务简介 ············ 232
  8.4.2　拓展实训任务实现 ············ 234
项目小结 ·· 242
考核与评价 ······································ 243
课后习题 ·· 244

项目 ❶ Java Web 概述

Java Web 是一种 Web 开发技术，以 Java 语言为基础，与 HTML 紧密结合，可以实现动态的 Web 页面开发。目前 Java Web 已成为 Web 应用开发的主流技术之一，已广泛应用于诸如电子商务、电子政务、信息检索和网络资源管理等实际领域。

学习目标

知识目标
1. 熟悉 Web 开发技术的基础知识
2. 熟悉 Java Web 开发技术的基础知识

能力目标
1. 掌握 JDK 开发环境的安装
2. 掌握 Tomcat 服务的安装
3. 掌握集成开发环境的安装与配置

素养目标
1. 培养具有主观能动性的学习能力
2. 培养动手搭建开发环境的实践能力

课堂与人生

千里之行，始于足下。

课堂与人生

任务 1.1　Web 开发技术简介

本任务主要对 Web 开发的常用技术知识体系进行介绍，主要内容包括：Web 技术概述、Web 客户端技术概述和 Web 服务器技术概述。

1.1.1　Web 技术概述

万维网（World Wide Web，WWW）也可以简称为 Web。Web 出现于 1989 年 3 月，是由欧洲量子物理实验室开发出来的主从结构分布式超媒体系统。1990 年 11 月，第一个 Web 服务器正式运行，通过 Web 浏览器可以查看 Web 页面。目前，与 Web 相关的各种技术标准都由万维网联盟（World Wide Web Consortium，W3C）负责管理

Web 开发技术简介

和维护。

Web 是一个分布式超媒体系统，它将大量的信息分布在网上，为用户提供多媒体网络信息服务。借助 Web，人们只要通过简单的方法就可以很迅速、方便地取得丰富的信息。用户在通过 Web 浏览器访问信息资源的过程中，无须关心一些技术性的细节，而且界面友好，因此 Web 推出后就受到了热烈的欢迎，并得到了飞速的发展。

从技术层面上看，Web 技术可以分为客户端技术和服务器技术。

1.1.2 Web 客户端技术概述

Web 是一种典型的分布式应用架构。Web 应用中的每一次信息交换都要涉及客户端和服务器两个层面。

Web 客户端的主要任务是展现信息内容。Web 客户端技术主要包括：HTML、CSS 和客户端脚本语言等。

1. HTML

Web 上的一个超媒体文本，被称为一个页面（Page）。组织或者个人在 Web 上放置的起始页面，被称为主页（HomePage）或首页（Index）。首页中通常包含指向其他页面或其他节点的指针，该指针被称为超链接。在逻辑上被视为一个整体的、由一系列页面组成的有机集合，被称为网站（WebSite 或 Site）。

HTML 是为创建页面而设计的一种标记语言。超文本标记语言（Hypertext Markup Language，HTML）是一种描述性语言，最初于 1989 年由欧洲量子物理实验室的蒂姆·伯纳斯·李（Tim Berners Lee）所发明。使用 HTML 编写的超文本文件，被称为 HTML 文件。它能在各种平台（如 UNIX、Windows 等）中执行。自 1990 年以来，HTML 就一直被用作 Web 的信息表示语言。

超文本是一种组织信息的方式，它通过超链接将文字、图表或其他信息媒体关联在一起。这些相互关联的信息媒体可能在同一个超文本中，也可能在地理位置相距遥远的某台计算机的其他超文本中。这种组织信息的方式将分布在不同地理位置的信息资源随机连接起来，为人们查找、检索信息提供了更便捷的手段。

HTML 是页面制作技术的基础，也是 Web 客户端技术的基础。它由一系列标记（Tag）组成。这些标记可以将网络上的文件格式统一，使分散的网络资源链接为一个逻辑整体。使用 HTML 可以在页面中定义标题、文本、超链接、表格或者图片等信息。这些信息由 Web 客户端的浏览器负责解释和执行，不需要服务器提前进行编译。Web 服务器只负责 HTML 文件的存储。

2. CSS

在制作页面时使用串联样式表（Cascading Style Sheet，CSS），可以有效地对页面的布局、字体、颜色、背景等效果实现更加精确的控制。HTML 与 CSS 的关系是"内容"与"形式"的关系。由 HTML 来确定页面的内容，由 CSS 来实现页面的表现形式。CSS 能够对页面中元素的排版进行像素级的精确控制，可以增强开发者对信息展现形式的控制能力。

CSS 由一个或多个样式属性及属性值组成。CSS 内部样式表可以直接存放在 HTML 文件中，CSS 外部样式表则保存在一个扩展名为.css 的文件中。在 HTML 页面中可以通过一个特殊标记，链接并使用 CSS 外部样式表。

CSS 的应用，简化了页面中 HTML 对版式、样式等进行控制的部分。CSS 外部样式表能被浏览器保存在缓存空间里，可以加快页面的下载速度，减少需要上传的代码数量。并且只需要修改保存网站风格的 CSS 文件，就可以改变整个网站的风格效果。对页面数量庞大的网站进行修改时，这项技术就显得格外重要了，可以大大减少维护人员的工作量。使用 CSS 技术不仅可以静态地修饰页面，还可以配合脚本语言动态地对页面中的元素进行处理。

3. 客户端脚本语言

使用 HTML 和 CSS 只能制作出静态的页面，无法满足与客户进行动态交互的需求。当客户需要进行诸如计算、信息验证等任务时，就需要在页面中加入某种客户端脚本语言，以完成这种动态的交互式处理任务。

客户端脚本语言是可以嵌入 Web 页面中的程序代码。这些程序代码由客户端的浏览器负责解释和执行。客户端脚本语言可以实现以编程的方式对页面元素进行控制，从而增加页面处理任务的灵活性。常用的客户端脚本语言有 JavaScript 脚本语言和 VBScript 脚本语言。目前，应用较为广泛的客户端脚本语言是 JavaScript 脚本语言。

JavaScript（简称 JS）脚本语言是在 1995 年由网景（Netscape）公司的布兰登·艾奇（Brendan Eich）开发的。它被广泛地应用于 Web 应用开发，常用来为页面添加各式各样的动态功能，为用户提供流畅、美观的页面浏览效果。

JavaScript 脚本语言与其他的编程语言一样，有自己的基本数据类型、表达式、算术运算符及基本程序框架。通常 JavaScript 脚本语言是通过嵌入 HTML 页面中来实现自身功能的，但也可以将其保存为扩展名为.js 的文件，这样有利于实现结构和行为的分离。

1.1.3 Web 服务器技术概述

早期的 Web 服务器只是简单地响应浏览器发来的 HTTP 请求，并将存储在服务器上的 HTML 文件返回给浏览器。现在的 Web 服务器技术主要用于进行业务逻辑处理和与数据库等进行交互操作。

Web 服务器技术主要包括 ASP 技术、JSP 技术、PHP 技术。

1. ASP 技术

动态服务器页面（Active Server Page，ASP）技术是一种由微软公司提供的、使用很广泛的动态网站开发技术。它通过在页面代码中嵌入服务器的脚本语言来生成动态的内容。在服务器必须安装合适的解释器之后，才可以通过调用此解释器来执行相关的脚本程序。ASP 技术主要用于 Windows 平台。随着微软的 Windows 平台进入.NET 技术体系时代，ASP 技术也发展到 ASP.NET 这个新的阶段。ASP.NET 是.NET 框架的一部分，可以使用任何.NET 兼容的语言来编写基于 ASP.NET 的 Web 应用程序。

2. JSP 技术

Java 服务器页面（Java Server Page，JSP）是以 Java 语言为基础开发的。它沿用了 Java 语言强大的应用程序编程接口（Application Program Interface，API）功能。JSP 中的 HTML 代码用来显示页面中的静态内容部分，嵌入页面中的 Java 代码与 JSP 标记用来生成页面中的动态内容部分。JSP 可以被预编译，提高了程序的运行速度。用 JSP 开发的 Web 应用程序经过一次编译后，可以运行在绝大部分平台中，代码无须做任何修改，实现了"一次编写，到处运行"的技术效果。本书中讲解的 Java Web 动态网站开发将主要围绕 JSP 技术及其相关衍生技术展开。

3. PHP 技术

页面超文本预处理器（Page Hypertext Preprocessor，PHP）是一种开发动态页面的技术。它是一种开源的 Web 服务器脚本语言。PHP 的语法类似于 C 语言，并且混合了 Perl、C++和 Java 等语言的一些特性。PHP 提供了许多已经定义好的函数，因此有较强的扩展性。PHP 可以被多个平台所支持，比较广泛地应用于 UNIX、Linux 平台。

任务 1.2　JSP 开发技术概述

JSP 开发技术概述

本任务主要对 JSP 开发技术的常用知识体系进行介绍，主要内容包括：JSP 技术基础概述和 JSP 页面元素的组成。

1.2.1　JSP 技术基础概述

JSP 技术是由 Sun 公司倡导、多家公司参与建立的一种动态页面技术标准。JSP 文件是在传统的 HTML 文件中插入 Java 语言程序段和 JSP 标记后形成的文件，后缀名为.jsp。

JSP 技术支持页面逻辑与页面设计的显示分离，支持可重用的基于组件的设计，使 Web 应用程序的开发变得迅速和容易。用 JSP 技术开发的 Web 应用程序是跨平台的，可以在绝大多数服务器上运行。自 JSP 技术推出后，众多计算机领域的大型公司都推出了支持 JSP 技术的服务器，如 IBM、Oracle、Sun 等公司，所以 JSP 技术迅速成为商业 Web 应用开发领域主流的服务器技术之一。

Web 服务器在遇到访问 JSP 页面的请求时，首先执行其中的服务器的程序段，然后将执行结果连同 JSP 文件中的 HTML 代码一起返回给客户端的浏览器。JSP 与 Java Servlet 技术一样，是在服务器解释和执行的，通常返回给客户端的就是一个 HTML 文件。因此，客户端在浏览器中就能浏览 JSP 页面执行之后的效果。

JSP 技术的主要特点包括如下几点。
- 使用 JSP 技术编写的代码文件可以实现"一次编写，到处运行"的效果。
- JSP 技术被众多平台所支持。
- JSP 技术具有强大的可伸缩性。
- JSP 技术获得多样化和功能强大的开发工具支持。

1.2.2　JSP 页面元素的组成

JSP 页面主要包括两个部分：一个是页面的静态部分，用来完成页面元素的显示和样式控制等功能，如文本、HTML 标记、CSS 等；另一个是页面的动态部分，用来完成数据的获取和处理等功能，如 JSP 的指令、Java 程序代码等。

JSP 页面元素的主要组成包括以下几个部分。
- 页面静态部分：HTML 标记、CSS 和普通的静态文本。

- JSP 指令：<%@指令名%>。
- JSP 表达式：<%=表达式%>。
- Java 脚本：<% Java 脚本%>。
- JSP 声明：<%!方法或者变量的定义%>。
- JSP 动作：以"<jsp:动作名>"标记开始，以"</jsp:动作名>"标记结束。
- JSP 注释：<%-- 注释内容 --%>。

任务 1.3　JSP 开发环境的搭建

本任务主要对 JSP 开发环境的搭建进行讲解，主要内容包括：常用浏览器概述、JDK 环境的安装与配置、Tomcat 简介。

JSP 开发环境的搭建

1.3.1　常用浏览器概述

浏览器是用来检索、展示及传递 Web 信息资源的应用程序。Web 信息资源可以是一段文字、一张图片、一个视频或者任何在 Web 页面中可以呈现的内容。用户可以通过浏览器的超链接打开相互关联的信息。

浏览器是浏览页面的应用程序。常用的浏览器有 IE 浏览器、火狐（Firefox）浏览器、谷歌（Chrome）浏览器等，如图 1-1 所示。

下面对几款主流的浏览器进行介绍。

1. IE 浏览器

IE 浏览器是微软公司推出的 Windows 系统内置的浏览器。它的内核是由微软公司独立开发的，简称 IE 内核。该浏览器只支持 Windows 系统。国产的某些浏览器是在 IE 内核的基础上进行二次开发的，如 360 浏览器、搜狗浏览器等。

图 1-1　常用的浏览器

2. 谷歌浏览器

谷歌浏览器是一款由谷歌公司开发的浏览器。该浏览器是基于其他开源软件产品进行开发的，其目标是增强浏览器的稳定性、安全性，并创造简单且高效的用户交互界面。本书相关案例的页面效果展示将主要使用谷歌浏览器。谷歌浏览器不仅支持 Windows 系统，还支持 Linux 系统、macOS，同时它提供移动端（如使用 Android 和 iOS 的智能设备）的相关应用产品。

3. 火狐浏览器

火狐浏览器是开源组织提供的一款开源浏览器。它开源了浏览器的源代码，同时提供了很多插件，方便用户使用。它支持 Windows 系统、Linux 系统和 macOS。

4. Safari 浏览器

Safari 浏览器是苹果公司为 macOS 量身打造的一款浏览器，主要应用在 macOS 和 iOS 中。

用户需要利用某种浏览器来浏览制作好的页面文件，从而使用页面中提供的各种业务功能。随着 Internet 的普及，浏览器已经成为人们上网的必备工具。因此，在绝大多数情况下，用户在安装计算机的操作系统时，浏览器会被一并安装。鉴于浏览器在用户系统中的普遍存在性，本书在此就不赘述浏览器的下载和安装过程了。

1.3.2 JDK 环境的安装与配置

Java 开发工具包（Java Development Kit，JDK）是 Sun 公司提供的 Java 语言开发环境和运行环境，是所有基于 Java 语言开发的基础。从 JDK 1.7 开始，这个产品由 Oracle 公司负责后续版本升级扩展服务的支持。JDK 包括一组 API 和 Java 运行环境（Java Runtime Environment，JRE）。

JDK 为开源、免费的 Java 开发环境，任何基于 Java 语言的应用程序的开发或使用人员都可以直接从官方网站中下载获得相关的安装程序。本书中的 Java Web 案例开发使用的是 JDK 1.8，读者也可以使用更高的 JDK 版本。

1. JDK 的安装

（1）双击 JDK 安装程序，弹出安装对话框，如图 1-2 所示。

（2）单击"下一步"按钮，进入定制安装界面，如图 1-3 所示。

图 1-2　安装对话框

图 1-3　定制安装界面

（3）选择安装路径。如果需更换安装路径，就单击"更改"按钮，在弹出的对话框中选择新的安装路径。单击"下一步"按钮，进入安装进度界面，开始安装，如图 1-4 所示。

（4）安装过程中会出现 JRE 安装路径选择界面，处理方式同步骤（3）。再单击"下一步"按钮，进入自动安装状态，最后进入安装完成界面，如图 1-5 所示。

（5）单击"关闭"按钮，完成 JDK 的安装。

图 1-4　安装进度界面

图 1-5　安装完成界面

2. JDK 环境变量的配置

在 JDK 环境中对基于 Java 语言的程序进行编译和执行时，需要知道编译器和解释器所在的位置，以及所用到的相关类库位置。这时就需要通过配置 JDK 环境变量来为程序配置对应的类搜索路径（CLASSPATH），以及为编译器和解释器配置对应的搜索路径（Path）等相关信息。当然，如果用户的程序是基于集成开发环境的用户界面进行执行，并且在集成开发环境中已经自动识别或手动配置 JDK 的信息，则可以省略 JDK 环境变量配置这个步骤。下面来看一下 JDK 环境变量配置的过程。

（1）用鼠标右键单击桌面上的"计算机"图标，在弹出的快捷菜单中选择"属性"命令，在弹出的窗口中选择"高级"系统设置，打开"系统属性"对话框，如图 1-6 所示。

（2）单击"环境变量"按钮，弹出"环境变量"对话框，如图 1-7 所示。

图 1-6 "系统属性"对话框

图 1-7 "环境变量"对话框

（3）在"环境变量"对话框的"系统变量"选项组中单击"新建"按钮，弹出"新建系统变量"对话框。在"变量名"文本框中输入"JAVA_HOME"，在"变量值"文本框中输入 JDK 的安装路径，如图 1-8 所示。单击"确定"按钮，完成设置，返回"环境变量"对话框。

（4）在"环境变量"对话框的"系统变量"选项组中选择"Path"选项，单击"编辑"按钮，弹出"编辑系统变量"对话框。保留"变量值"文本框中的原有内容，在原有内容后加入"；%JAVA_HOME%\bin;%JAVA_HOME%\jre\bin"，如图 1-9 所示。单击"确定"按钮，完成设置，返回"环境变量"对话框。

图 1-8 新建 JAVA_HOME 变量

图 1-9 编辑 Path 变量

（5）在"环境变量"对话框的"系统变量"选项组中，再次单击"新建"按钮，弹出"新建系统变量"对话框。在"变量名"文本框中输入"CLASSPATH"，在"变量值"文本

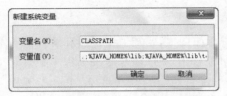

图 1-10 新建 CLASSPATH 变量

框中输入".;%JAVA_HOME%\lib;%JAVA_HOME%\lib\tools.jar",如图 1-10 所示。单击"确定"按钮,完成设置,返回"环境变量"对话框。

(6)在"环境变量"对话框中单击"确定"按钮,返回"系统属性"对话框。在"系统属性"对话框中单击"确定"按钮,关闭该对话框,完成环境变量的配置。

1.3.3 Tomcat 简介

Tomcat 是 Apache 组织旗下的 Jakarta 项目组开发的产品,具有跨平台等诸多特性。Tomcat 运行稳定、性能可靠,是当今使用最广泛的 Servlet/JSP 服务之一。安装了 Tomcat 的计算机,就可以被称为具有 Java Web 访问支持能力的服务器。Tomcat 已经成为学习 JSP 技术和开发中小型 Java Web 应用的相关首选软件之一。

1. Tomcat 的安装

Tomcat 为免费、开源的产品,任何 Java Web 的开发和使用人员都可以直接从官方网站下载相关版本的安装文件。本书的案例项目使用的是 Tomcat 8,当然读者也可以使用其他的版本。在官方网站下载的 Tomcat 为免安装版,是一个压缩包文件。用户只需将其解压缩到本地磁盘,即可直接使用其功能。

2. Tomcat 的目录结构

Tomcat 解压缩后有 7 个子文件夹,其目录结构如图 1-11 所示。下面对 Tomcat 的相关子文件夹的主要作用和功能进行初步的介绍。

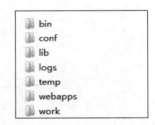

图 1-11 Tomcat 的目录结构

- bin 文件夹:存放启动、停止服务器的脚本文件。
- conf 文件夹:存放服务器的配置文件。
- lib 文件夹:存放服务器和所有的 Web 应用程序都可以访问的 JAR 包。
- logs 文件夹:存放服务器的日志文件。
- temp 文件夹:存放 Tomcat 运行时的临时文件。
- webapps 文件夹:存放 Tomcat 默认的 Web 应用的发布目录。
- work 文件夹:默认情况下存放编译 JSP 文件后生成的 Servlet 类文件。

3. 启动 Tomcat

启动 Tomcat 有两种方式:一种是直接利用 Tomcat 自带的启动程序启动服务;另一种是利用集成开发环境中的用户界面进行 Tomcat 的启动。本书中的案例将统一在集成开发环境中编写和运行。相关的集成开发环境中配置和启动 Tomcat 的步骤,请参见本书的后续内容。

在计算机中启动 Tomcat 后,用户可以在该计算机的浏览器的地址栏中输入"localhost:8080"或者"127.0.0.1:8080",当浏览器中出现 Tomcat 的默认页面时,表示 Tomcat 可以正常使用,如图 1-12 所示。

项目 ❶ Java Web 概述

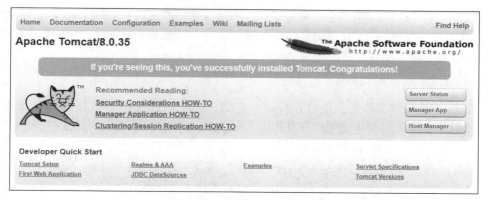

图 1-12　Tomcat 的默认页面

另外，由于用户的计算机中安装了很多不同的软件和应用产品，因此可能出现 Tomcat 所使用的默认端口 8080 被占用的情况。如果该端口已经被占用，则 Tomcat 无法正常启动。用户可以通过修改为不冲突的端口方式解决该问题，例如将默认端口修改为 8090。Tomcat 的端口设置，可以在 conf 文件夹中的 servlet.xml 配置文件中完成。

任务 1.4　集成开发环境的安装与配置

本任务主要对常用的 Java Web 集成开发环境的安装与配置进行讲解，主要内容包括：集成开发环境简介、IDEA 的安装与配置和 Eclipse 集成开发环境的安装与配置。

集成开发环境的
安装与配置

1.4.1　集成开发环境简介

集成开发环境（Integrated Development Environment，IDE）是用于提供程序开发环境的应用程序，一般包括代码编辑器、编译器、调试器和图形用户界面工具等，是集代码编写功能、分析功能、编译功能、调试功能等于一体的开发软件服务套（组）件。所有具备这一特性的软件或者软件服务套件都可以称为集成开发环境（也可以称为集成开发工具）。

从 JSP 技术诞生至今，为它量身定做的集成开发环境多达几十种。除 Sun 公司自身以外，还有许多软件开发商加入其中。下面介绍几款较为常用的 Java Web 集成开发环境。

1. NetBeans

Sun 公司推出的 NetBeans 平台是开放源代码的 Java 集成开发环境，能够对 Java 应用系统的编码、编译、调试与部署提供全功能支持，并将版本控制和可扩展标记语言（Extensible Markup Language，XML）编辑融入其众多的功能之中。NetBeans 的最大优势在于，它不仅能够支持各种桌面应用系统的开发，而且能够很好地支持 Java Web 应用的开发，支持基于 J2ME 的移动设备应用的开发。

2. Eclipse

2001 年 11 月，IBM、Borland、Red Hat 等多家软件公司成立了 Eclipse.org 联盟，IBM 公司向该联盟捐赠并移交了 Eclipse 的源代码，由该联盟继续推动 Eclipse 的后续研发与更新。

9

与商业软件不同，Eclipse 是一个完全免费的、开放源代码的、可扩展的 Java 集成开发环境，它源自 IBM 公司耗资近 4000 万美元的一个研究项目。目前 Eclipse 得到 IBM 及众多软件技术人员的倾力支持，极有发展前途。

3. MyEclipse

MyEclipse 企业级工作平台是对 Eclipse 的扩展，是在 Eclipse 的基础上加上自己的插件开发而形成的功能强大的企业级集成开发环境。MyEclipse 主要用于 Java、Java EE 及移动应用的开发。MyEclipse 的功能非常强大，支持的产品也十分广泛，尤其是对各种开源产品的支持，其表现相当不错。MyEclipse 包括完备的编码、调试、测试和发布功能，完全支持 HTML、Struts、JSP、CSS、JavaScript、Spring、Hibernate 等技术或产品。

4. JBuilder

Borland 公司的 JBuilder 是世界上第一个实现跨平台的 Java 集成开发环境，也是使用最为广泛的 Java 集成开发环境之一。它是纯 Java 语言编写的编译器，系统代码中不含任何专属代码和标记，支持新的 Java 技术。JBuilder 秉承了 Borland 产品一贯的高度集成的开发环境、豪华美观的图形界面、优质高效的编译效率等特点，适合企业级的 Java 应用系统的开发，能够轻松胜任 EJB、Web、XML 及数据库等各类应用程序的开发与部署。

5. IntelliJ IDEA

IntelliJ IDEA（以下简称 IDEA）是 JetBrains 公司的产品，是 Java 语言开发的集成开发环境。IDEA 在业界被公认为最好的 Java 开发工具之一，尤其在智能代码助手、代码自动提示、重构、J2EE 支持、EJB 支持、各类版本工具、JUnit、CVS 整合、代码分析、创新的图形用户界面（Graphical User Interface，GUI）设计等方面的功能可以说是超常的。

本书考虑到开源性和流行性这两个方面的因素，主要介绍 IDEA 和 Eclipse 集成环境的安装与配置。本书配套资源中所提供的项目案例代码既可以在 IDEA 中使用，也可以在 Eclipse 集成开发环境中使用。用户可以根据自己的实际情况，任意选择这两个工具之一。

1.4.2 IDEA 的安装与配置

本书中的项目案例讲解演示将主要使用 IDEA。用户可以从 IDEA 官方网站下载相关的安装程序文件。IDEA 有两个版本，分别是 Ultimate（最终版）和 Community（社区版）。它们的主要区别是，Ultimate 是商业版，需要向用户收费使用，功能丰富，支持 Web 开发和企业级开发；Community 是一个开源项目版本，免费供用户使用，但功能较少，主要支持 Java 虚拟机（Java Virtual Machine，JVM）开发和 Android 开发。本书建议用户使用 IDEA 的 Ultimate。

在下载完安装程序后，就可以开始执行安装程序进行 IDEA 的安装了。注意，在安装 IDEA 之前，最好先安装好 JDK 环境和 Tomcat。

1. 安装 IDEA

（1）双击 IDEA 安装程序，弹出安装界面，如图 1-13 所示。单击"Next"按钮，进入安装路径选择界面，指定安装路径，如图 1-14 所示。

（2）单击"Next"按钮，进入安装选项设置界面，根据需要设置选项，如图 1-15 所示。

（3）单击"Next"按钮，进入选择开始菜单界面，如图 1-16 所示。

项目 ❶　Java Web 概述

图 1-13　安装界面　　　　　　　图 1-14　安装路径选择界面

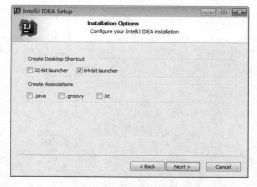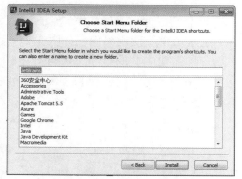

图 1-15　安装选项设置界面　　　　图 1-16　选择开始菜单界面

（4）单击"Install"按钮，系统进入自动安装状态。最后进入安装完成界面，单击"Finish"按钮，完成 IDEA 的安装。

（5）首次启动 IDEA 时，会弹出导入 IDEA 设置界面，如图 1-17 所示。单击"OK"按钮，进入用户使用协议界面，单击"Accept"按钮，如图 1-18 所示。

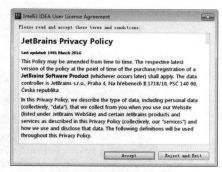

图 1-17　导入 IDEA 设置界面　　　　图 1-18　用户使用协议界面

（6）进入用户注册码填写界面，选择注册方式，如图 1-19 所示。用户注册码可以通过官方网站申请获得。

（7）单击"OK"按钮，进入自定义 IDEA 界面，根据需要，进行设置操作，如图 1-20 所示。

图1-19　用户注册码填写界面

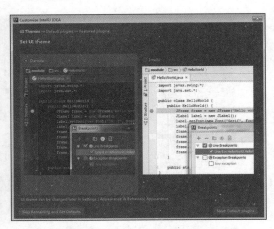

图1-20　自定义IDEA界面

（8）进入IDEA使用界面，如图1-21所示。用户如需要中文的界面，可自行搜索汉化IDEA的方式。因不是典型需求，在此不进行过多说明。

2．配置IDEA

（1）在IDEA中配置JDK环境。

在IDEA使用界面中，选择"configure"（配置）→"Project Defaults"（项目默认）→"Project Structure"（项目结构）命令，如图1-22所示。在打开的项目结构对话框中，选择对话框左侧列表框内的"Project"，在对话框右侧完成项目的JDK环境配置，如图1-23所示。

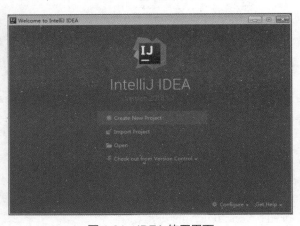

图1-21　IDEA使用界面

图1-22　项目结构命令

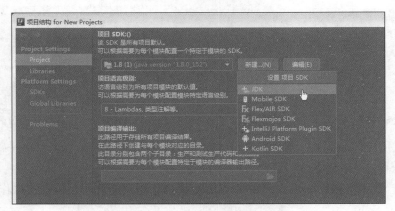

图1-23　在IDEA中配置JDK环境

项目 ❶ Java Web 概述

（2）在 IDEA 中配置 Tomcat 服务。

在运行 Java Web 项目案例前，请先配置 Web 服务。本书使用的 Web 服务是 Tomcat 服务。

在 IDEA 使用界面中，选择 "configure" → "Project Defaults" → "Run Configurations"（运行配置）命令，如图 1-24 所示。在打开的运行配置对话框中，选择对话框左侧列表框内的 "Tomcat Server" 中的 "Local"，在对话框右侧完成项目的 Tomcat 环境配置，如图 1-25 所示。

图 1-24　运行配置命令

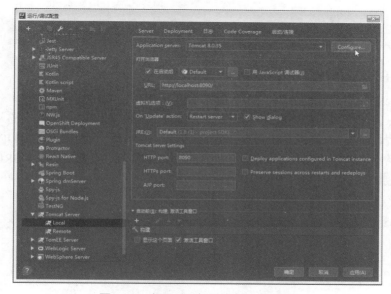

图 1-25　在 IDEA 中配置 Tomcat 服务

1.4.3　Eclipse 集成开发环境的安装与配置

Eclipse 为开源、免费的集成开发环境，任何基于 Java 技术的开发人员都可以直接从其官方网站中免费下载获得相关的安装文件。对本书所讲解的 Java Web 开发来说，用户在下载时应注意使用 Eclipse Java EE IDE 版本。在安装 Eclipse 之前，最好先安装好 JDK 环境和 Tomcat。

1. 安装 Eclipse 集成开发环境

在官方网站下载的 Eclipse 安装文件是一个压缩包文件，只需将该压缩文件直接解压缩到指定的安装目录下（例如 C:\eclipse），即完成了 Eclipse 的安装工作。

用鼠标双击安装目录下的 eclipse.exe 文件，就可以启动 Eclipse 环境了。Eclipse 首次启动时，会提示用户选择一个工作区，以便可以将今后开发的项目文件保存在这个工作区中。在此，可以设置一个工作区路径（比如 C:\eclipse-workspace）。单击 "确定" 按钮后，Eclipse 会出现一个欢迎界面。关闭欢迎界面后，便进入 Eclipse 的主工作界面，如图 1-26 所示。

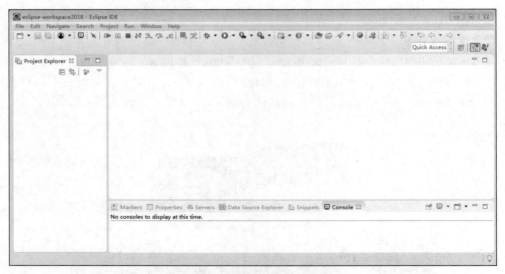

图 1-26　Eclipse 的主工作界面

2. 配置 Eclipse 集成开发环境

（1）在 Eclipse 集成开发环境中配置 JDK 环境。

在 Eclipse 主工作界面中，选择"Window"（窗口）→"Preferences"（首选项）命令，打开首选项对话框。展开对话框左侧列表框内的"Java"，选择其下的"Installed JREs"（已安装的 JRE），对话框右侧出现图 1-27 所示的 Installed JREs 界面。检查列表框中 JRE 的名称和路径与所安装的 JRE 的是否一致。如果不一致，修改列表框中的内容；如果一致，单击"Apply and Close"按钮。

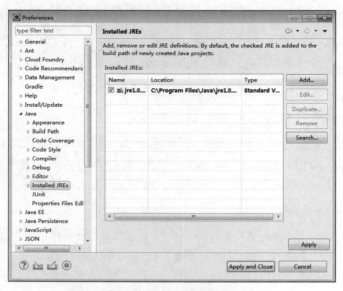

图 1-27　在 Eclipse 中配置 JDK 环境

（2）在 Eclipse 集成开发环境中添加 Tomcat 服务。

在运行 Java Web 项目案例前，请先添加 Web 服务。本书使用的 Web 服务是 Tomcat 服务。

在 Eclipse 主工作界面中，选择"Window"→"Preferences"命令，打开首选项对话框。展开对话框左侧列表框内的"Server"，选择其下的"Runtime Environments"（运行时环境），在对话框右侧单击"Add"按钮，如图 1-28 所示，添加 Tomcat 服务。添加 Tomcat 服务后，单击"Apply and Close"按钮。

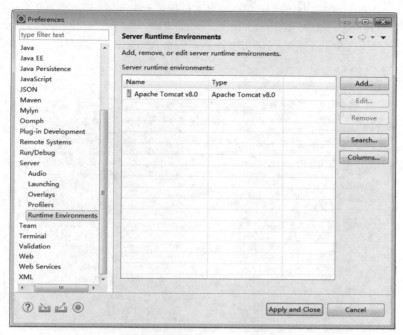

图 1-28　在 Eclipse 集成开发环境中添加 Tomcat 服务

任务 1.5　拓展实训任务

本任务主要对 IDEA 中创建 Java Web 动态网站项目和运行项目进行讲解。

1.5.1　拓展实训任务简介

下面将通过一个拓展实训任务来讲解如何在 IDEA 中创建一个 Java Web 动态网站项目，以及如何运行这个项目。

拓展实训任务

我们先来了解一下这个项目。一个 Java Web 的动态网站项目中包括两个页面：一个是站点的首页（index.jsp），如图 1-29 所示；另一个是单击首页中的链接后跳转的页面（first.jsp），如图 1-30 所示。

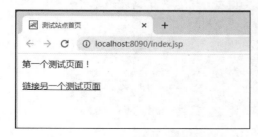

图 1-29　index 页面的运行效果

图 1-30　first 页面的运行效果

1.5.2 拓展实训任务实现

本项目使用 IDEA 实现 Java Web 动态网站项目的创建，具体步骤如下。

1．创建项目

（1）启动 IDEA 后，在 IDEA 主工作界面中，依次选择"File"→"New"→"Project"菜单项。单击"Project"菜单项之后，出现"新建项目"对话框。选择对话框左侧列表框内的"Java 模块"。在对话框右侧区域选项中勾选"Web Application"选项，然后单击"下一个"按钮，如图 1-31 所示。

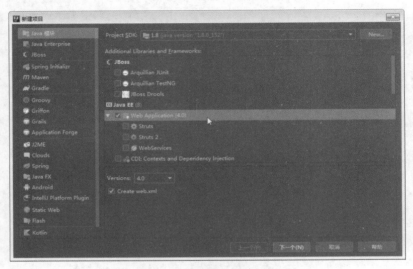

图 1-31　选择项目的类型

（2）选择所创建项目的类型之后，在后续界面中为项目命名（此处将项目命名为 MyTestSite），并指定项目存储的路径，然后单击"完成"按钮，如图 1-32 所示。

图 1-32　指定项目的名称和保存位置

（3）创建项目之后，在 IDEA 的项目管理面板中，将显示出项目的整体结构。一般情况下，把 Java 程序中的包和类等内容放在 src（源文件）目录下，把网站的静态与动态网页以及相关网站资源放在 web 目录下。项目创建后会默认提供一个初始的网站首页，其初始结构如图 1-33 所示。

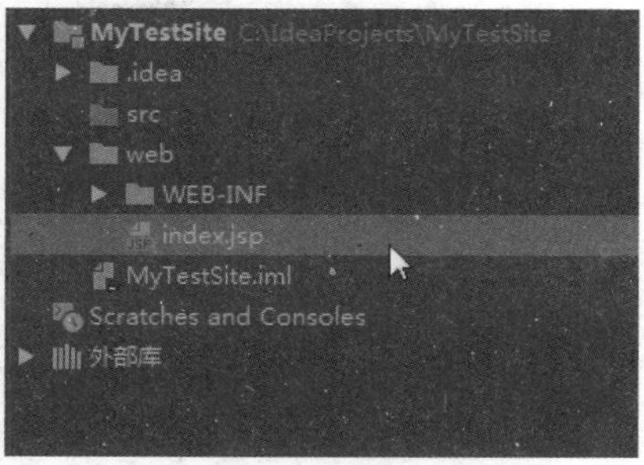

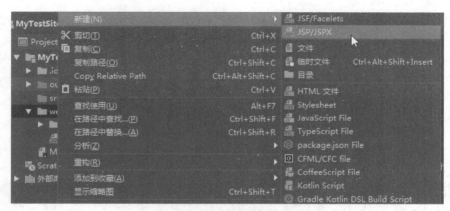

图 1-33　项目的初始结构

2. 在已有项目中新建 JSP 页面

（1）根据之前介绍的项目需求，创建另一个 JSP 页面 first.jsp。选择项目结构中的"web"文件夹，单击鼠标右键，在弹出的快捷菜单中，选择"JSP/JSPX"命令，如图 1-34 所示。

图 1-34　创建新的 JSP 页面

（2）在弹出的"Create JSP/JSPX page"对话框中，填写页面名称 first.jsp，如图 1-35 所示。

图 1-35　填写 JSP 页面的名称

3. 在 JSP 页面中添加代码

（1）根据之前介绍的项目需求，在首页 index.jsp 中添加代码，实现首页的功能，具体代码如下。

```
<%@page contentType="text/html;charset=UTF-8" language="java" %>
<html>
<head>
<title>测试站点首页</title>
</head>
<body>
    第一个测试页面！<br><br>
<a href="first.jsp">链接另一个测试页面</a>
</body>
</html>
```

添加代码后的 index 页面的代码视图，如图 1-36 所示。

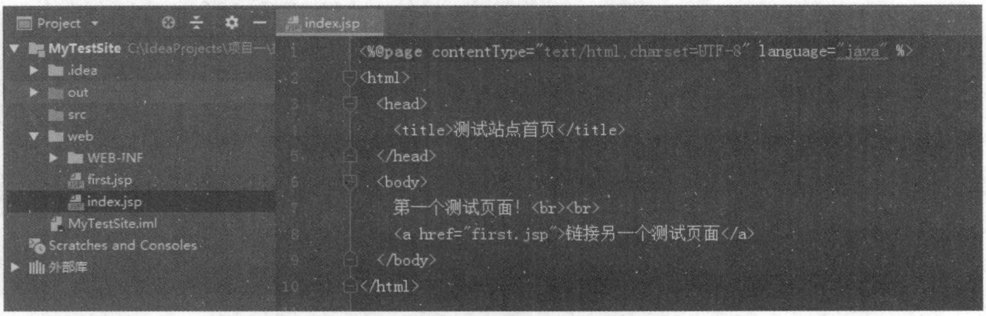

图 1-36 index 页面的代码视图

（2）根据之前介绍的项目需求，在另一个页面 first.jsp 中添加代码，实现另一个页面的功能，具体代码如下。

```
<%@page contentType="text/html;charset=UTF-8" language="java" %>
<html>
<head>
<title>另一个测试页面</title>
</head>
<body>
    第二个测试页面！
</body>
</html>
```

添加代码后的 first 页面的代码视图，如图 1-37 所示。

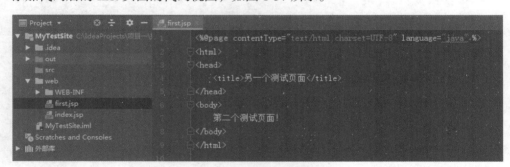

图 1-37 first 页面的代码视图

4. 运行项目

（1）在 IDEA 主工作界面的右上角单击下拉列表框，选择"编辑配置"列表项，如图 1-38 所示。

图 1-38 "编辑配置"列表项

（2）在弹出的"运行/调试配置"对话框左侧列表框内选择"Tomcat Server"下的"Local"。选择"Local"后，对话框的右侧会出现配置界面。单击"Deployment"标记。在该标记页中，单击"+"按钮，在弹出的菜单中选择"Artifact"命令，如图 1-39 所示，将项目部署到 Tomcat 服务器上，如图 1-40 所示。

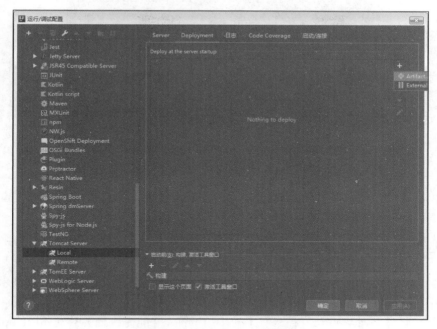

图 1-39　Deployment 标记页

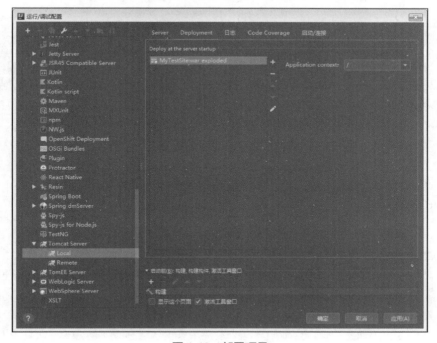

图 1-40　部署项目

（3）在项目结构中，选择"index.jsp"，单击鼠标右键，在弹出的快捷菜单中，选择"运行'index.jsp'"命令，如图 1-41 所示。

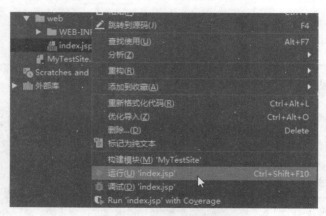

图 1-41 "index.jsp"的快捷菜单

（4）单击该命令后，将启动 Tomcat 服务，并在系统默认浏览器中显示站点的首页（见图 1-29）。单击首页中的链接，可以打开另一个页面（first.jsp）（见图 1-30）。

项目小结

本项目主要介绍了现有 Web 开发技术的种类，主要的客户端技术和服务器技术，JSP 技术的主要结构，如何搭建和配置 JSP 开发环境，如何安装集成开发环境等知识。通过对本项目的学习，大家对 Java Web 开发技术有了初步的了解，并能完成相关开发环境的搭建，为后面的学习打下坚实的基础。

考核与评价

表 1-1 用于记录学习完成人在学习过程中的形成性表现，主要围绕能力素养、知识点掌握和其他表现等情况进行综合性评价。能力考核点从理解学习目标的能力、自主逻辑思维的能力、吸收知识的能力、编写项目程序的能力、解决问题的能力、总结反思的能力 6 个维度进行相关的评价。知识考核点从常见 Web 开发技术的认知、JSP 技术的基本概念、JSP 开发环境的搭建、集成开发环境的安装与配置 4 个维度进行相关的评价。表现考核点从学习出勤情况、学习态度情况、学习纪律情况 3 个维度进行相关的评价。综合性评价可以分为优、良、中、合格和不合格 5 个等级。学习指导者可以根据学习完成人在本项目学习过程中的具体表现，在表 1-1 中给出相关部分的评语、得分和综合性评价。

表 1-1 考核与评价表

项目名称			学习完成人		
学习时间			综合性评价		
能力素养情况评分（40 分）					
序号	能力考核点	评语		配分	得分
1	理解学习目标的能力			5	
2	自主逻辑思维的能力			5	
3	吸收知识的能力			5	

续表

能力素养情况评分（40分）				
序号	能力考核点	评语	配分	得分
4	编写项目程序的能力		10	
5	解决问题的能力		10	
6	总结反思的能力		5	
知识点掌握情况评分（40分）				
序号	知识考核点	评语	配分	得分
1	常见Web开发技术的认知		5	
2	JSP技术的基本概念		5	
3	JSP开发环境的搭建		15	
4	集成开发环境的安装与配置		15	
其他表现情况评分（20分）				
序号	表现考核点	评语	配分	得分
1	学习出勤情况		5	
2	学习态度情况		10	
3	学习纪律情况		5	

课后习题

1. 填空题

（1）Web技术可以分为_____技术和_____技术。

（2）JSP文件的扩展名为_____。

2. 选择题

（1）以下哪个特点不是JSP技术的主要特点？（　　）

　　A. 一次编写，到处运行　　　　B. 收费使用
　　C. 多平台支持　　　　　　　　D. 强大的可伸缩性

（2）以下哪个技术是以Java为基础开发的服务器技术？（　　）

　　A. JSP技术　　B. PHP技术　　C. ASP技术　　D. CSS技术

3. 简答题

（1）简述Web客户端开发技术。

（2）简述Web服务器开发技术。

（3）简述JSP页面的组成。

项目 2　JSP 基础语法

JSP 页面主要由静态部分的 HTML 元素和动态部分的 JSP 元素两部分组成。本项目主要讲解 JSP 页面的组成和基础语法。

学习目标

知识目标
1. 熟悉 JSP 页面的组成
2. 熟悉 JSP 的基础语法

能力目标
1. 掌握 JSP 脚本标记
2. 掌握 JSP 指令标记
3. 掌握 JSP 动作标记

素养目标
1. 培养不断探索的学习能力
2. 培养精心、细致的实践能力

课堂与人生

培养认真和细心的编程习惯。

课堂与人生

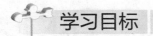 JSP 页面的组成

JSP 页面的组成

本任务主要对 JSP 页面的组成进行介绍。

JSP 页面主要包括两个部分：一个是静态部分，如 HTML 标记、CSS 等，用来完成页面信息的显示和页面样式的控制；另一个是动态部分，如 JSP 指令、嵌入的 Java 程序代码等，用来完成动态数据的获取和处理等。

JSP 页面的基本组成如图 2-1 所示。

项目 ❷ JSP 基础语法

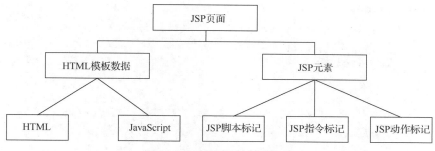

图 2-1 JSP 页面的基本组成

任务 2.2 JSP 语法构成

本任务主要对 JSP 的基本语法进行讲解，主要内容包括：JSP 脚本标记、JSP 指令标记和 JSP 动作标记。

2.2.1 JSP 脚本标记

JSP 脚本标记包括：JSP 脚本段、JSP 声明、JSP 表达式和 JSP 注释。

JSP 语法构成

1. JSP 脚本段

JSP 脚本段（Scriptlet）是指有效的程序段，在这个程序段中可以声明要用到的变量和方法、编写 Java 语句，以及使用任何隐含的对象等。

JSP 脚本段的基本语法为<%Java 程序段%>，示范如下。

```
<%
int sum=0;
for( int i=0; i<=10; i++){
   sum+=i;
}
out.println("<h1>sum="+sum+"</h1>");
%>
```

- JSP 脚本段中可以包含 Java 程序代码。
- JSP 脚本段中的 Java 代码必须严格遵循 Java 语法。
- 在一个 JSP 页面中可以有多个脚本段，在两个或多个脚本段间可以嵌入文本、HTML 标记和其他 JSP 元素。
- 多个脚本段中的代码可以相互访问，单个脚本段中的 Java 代码可以是不完整的，但多个脚本段代码组合后的代码必须是完整的，如例 2-1 所示。

【例 2-1】多个脚本段的相互访问。

在项目中创建 scriptlet.jsp，代码如下。

```
<%@page contentType="text/html;charset=UTF-8" language="java" %>
<html>
<head>
<title>多个脚本段的相互访问</title>
</head>
<body>
<%
    int i;
```

```
%>
<%
    for(i=0; i<=10; i++)
    {
%>
<h1>你好！张先生</h1>
<%
    }
%>
</body>
</html>
```

在该页面中 for 循环被拆分到两个脚本段，中间插入一段 HTML 语句，这两个脚本段相互访问，构成完整的循环，执行效果如图 2-2 所示。

2. JSP 声明

在 JSP 页面中，可以声明合法的变量和方法，变量类型可以是 Java 语言允许的任何数据类型。这种方式声明的变量是全局变量。

JSP 声明（Declaration）的基本语法为<%! 声明 1; 声明 2; ...; 声明 n; %>，声明的本质就是将声明的变量和方法作为 Servlet 类的变量和方法，下面我们用一个例子来解释如何声明变量和方法。

图 2-2 例 2-1 的执行效果

【例 2-2】声明变量和方法。

本例在 declaration.jsp 中声明一个整型变量和一个方法，并在后面的代码段中加以调用，代码如下。

```
<%@page contentType="text/html;charset=UTF-8" language="java" %>
<html>
<head>
<title>声明变量和方法</title>
</head>
<%!
    //声明一个整型变量
    public int count;

    //声明一个方法
    public String info() {
        return "hello";
    }
%>
<body>
<%
    //将 count 的值输出后再加 1
    out.println(count++);
%>
```

```
<br/>
<%
    //输出info()方法的返回值
    out.println(info());
%>
</body>
</html>
```

declaration.jsp 运行后的效果如图 2-3 所示，页面每次刷新后，count 变量都会自加 1，效果如图 2-4 所示。

图 2-3　例 2-2 的执行效果

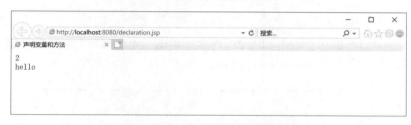

图 2-4　例 2-2 页面刷新后的效果

声明一般以分号（;）结尾，声明方法时可以加分号，也可以不加。

可以直接使用在<%@ page %>中已经声明的变量和方法，不需要对它们重新进行声明。

一个声明仅在一个页面中生效。如果要在多个页面中用到，则可将它们写成一个单独的文件，然后用<%@ include %>或<jsp:include>包含进来。

3．JSP 表达式

在 JSP 页面中，可以用表达式（Expression）将程序数据输出到客户端，其等价于 "out.print"。表达式元素表示的是在脚本语言中被定义的表达式，在运行后被自动转换为字符串，然后在 JSP 页面中指定的位置插入这个表达式并显示。

JSP 表达式的基本语法为<%=变量或表达式%>，表达式的本质就是在将 JSP 页面转化为 Servlet 后，使用 out.print()将表达式的值输出，下面我们用一个例子来理解表达式的用法。

【例 2-3】表达式实例。

本例在 expression.jsp 中定义了字符串变量 url，并利用表达式指定了超级链接的页面以及处理表单信息的页面，代码如下。

```
<%@page contentType="text/html;charset=UTF-8" language="java" %>
<html>
<head>
<title>表达式实例1</title>
</head>
```

```
<%!
    String url="expressionHref.jsp";
%>
<body>
<a href="<%=url%>">单击跳转</a>
<form action="<%=url%>">
<input type="submit" value="单击跳转"/>
</form>
</body>
</html>
```

创建 expressionHref.jsp，代码如下。

```
<%@page contentType="text/html;charset=UTF-8" language="java" %>
<html>
<head>
<title>表达式实例 2</title>
</head>
<body>
<h1>表达式实例</h1>
</body>
</html>
```

页面 expression.jsp 的运行效果如图 2-5 所示，单击"单击跳转"超级链接或单击"单击跳转"按钮后，都会定向到 expressionHref.jsp，如图 2-6 所示。

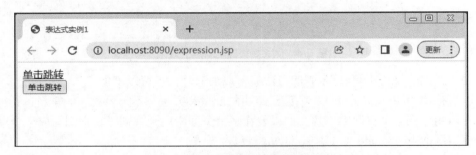

图 2-5　例 2-3 的执行效果

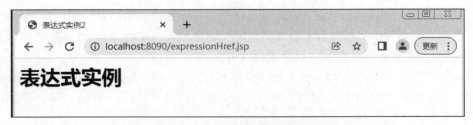

图 2-6　跳转后的执行效果

注意，JSP 表达式不能用分号（；）作为结束符。

4．JSP 注释

在 JSP 页面中，注释分为两大类：静态注释和动态注释。静态注释是直接使用 HTML 风格的注释，使用这类注释，在浏览器中查看源文件时是可以看到注释内容的；动态注释包括 Java 注释和 JSP 注释两种，使用这类注释，在浏览器中查看源文件时是看不到注释内容的。

（1）静态注释，语法如下。

```
<!-- 注释内容 -->
```

（2）Java 注释，语法如下。

```
//单行注释
/*
   多行注释
*/
```

（3）JSP 注释，语法如下。

```
<%-- 注释内容 --%>
```

2.2.2 JSP 指令标记

JSP 指令标记是为 JSP 引擎设计的，该类标记并不直接产生任何可见的输出，而是告诉 JSP 引擎如何处理 JSP 页面的其余部分。例如，可以指定一个专门的错误处理页面，当 JSP 页面出现错误时，由 JSP 引擎自动地调用错误处理页面。

常用的 JSP 指令标记包括：page 页面指令、include 静态指令以及 taglib 指令。

1. page 页面指令

page 指令用于定义与整个 JSP 页面相关的各种属性，其基本语法如下。

```
<%@page 属性1="值1" 属性2="值2" ... 属性n="值n"%>
```

page 指令常用的属性和默认值如表 2-1 所示。

表 2-1　page 指令常用的属性和默认值

属性	说明	默认值
language	声明要使用的脚本语言，暂时只能支持 Java	Java
import	在程序中导入一个或多个类和包	无
session	设定客户是否需要 HTTP Session，取值为 true 或 false。若为 true，则表示 session 是有用的	true
autoFlash	设置缓冲区填满时是否进行缓冲自动刷新	true
isThreadSafe	设置 JSP 页面是否支持多线程，值为 false 时限制每次只能有一个用户访问该页面	true
isErrorPage	指定当前页面是否可以作为另一页面的错误处理页面	false
errorPage	指定当前页面中出错处理页面的 URL	无
contentType	指定 JSP 字符的编码和 JSP 页面响应的 MIME 类型，格式为 "MIME 类型;字符集类型"	"text/html;charset=UTF-8"

例如，在某个 JSP 页面中，如果需要导入 Java 的 sql 包，并设置错误处理页面，代码如下。

```
<%@page contentType="text/html;charset=UTF-8"%>
<%@page import="java.sql.*"%>
<%@page errorPage="err.jsp"%>
```

无论 page 指令出现在 JSP 页面中的什么地方，它作用的都是整个 JSP 页面（包括静态的包含文件，但不能作用于动态的包含文件），为了保持程序的可读性和培养良好的编程习惯，page 指令最好放在整个 JSP 页面的起始位置。

在一个 JSP 页面中可以使用多个 page 指令，但其中的属性只能用一次，import 属性例外，它可以多次出现，引入多个类和包，这和 Java 中的 import 语句差不多。

2. include 静态指令

include 指令用于引入其他 JSP 页面，引入后，JSP 引擎会将这些 JSP 页面翻译成一个 servlet，因此 include 指令通常也被称为静态引入，其基本语法如下。

```
<%@include file="相对URL"%>
```

所谓静态，是指 file 属性的值不能是一个变量，也不可以在 file 所指定的文件后添加任何参数。

【例 2-4】include 指令使用实例。

在 include.jsp 页面中使用 include 指令引入相同文件夹下的 head.jsp 页面，代码如下。

```
<%@page contentType="text/html;charset=UTF-8" language="java" %>
<html>
<head>
<title>include 指令标记实例</title>
<style type="text/css">
p{color:deepskyblue; text-align: left; size:5px;}
</style>
</head>
<body>
<%@include file="head.jsp"%>
<p>  include 指令用于引入其他 JSP 页面，引入后，JSP 引擎会将这些 JSP 页面翻译成一个 servlet。因此 include 指令通常也被称为静态引入。</p>
</body>
</html>
```

创建 head.jsp，代码如下。

```
<%@page contentType="text/html;charset=UTF-8" language="java" %>
<html>
<head>
<title>被引入的头文件</title>
<style type="text/css">
    h1{color:red; text-align:center; size: 7px; }
</style>
</head>
<body>
<h1>INCLUDE 指令标记的使用</h1>
</body>
</html>
```

运行 include.jsp 的效果，如图 2-7 所示。

图 2-7 例 2-4 的执行效果

被引入的文件必须遵循 JSP 语法，可以使用任意的扩展名，但都会被 JSP 引擎按照 JSP 页面的处理方式去处理，为了见名知意，建议使用".jspf"（JSP fragment，即 JSP 片段）作为静态引入文件的扩展名。被引入的文件中不要包含<html></html>、<body></body>等标记，否则可能会影响引入文件中同样标记的执行结果。引入文件和被引入文件中的指令不能冲突（page 指令中的 pageEncoding 和 import 属性除外）。

3. taglib 指令

taglib 指令用于引入 JSP 页面中需要使用的标记库的定义，以便在页面中使用标记库定义标记，其基本语法如下。

```
<%@taglib uri="标记库 URI" prefix="自定义标记的前缀"%>
```

属性 uri 用来唯一确定标记库的路径，属性 prefix 定义使用此标记库的前缀。

举例如下。

```
<%@taglib uri="http://www.tjdz.net/tags" prefix="public"%>
<public:loop>
…
</public:loop>
```

定义标记时不能使用 jsp、jspx、java、javax、servlet、sun、sunw 等作为前缀，这些前缀是 JSP 保留的。

2.2.3 JSP 动作标记

与指令标记不同，JSP 动作标记（Action Element）是在客户端请求时动态执行的。JSP 动作标记是一种特殊标记，以前缀 jsp 和其他的 HTML 标记相区别。利用 JSP 动作标记可以实现很多功能，包括动态地插入文件、重用 JavaBean 组件、把用户重定向到另外的页面、为 Java 插件生成 HTML 代码等。

1. <jsp:include>动作标记

<jsp:include>动作标记可以用来包含其他静态或动态文件，其基本语法如下。
（1）不带参数的格式如下。

```
<jsp:include page="相对 URL" flush="true|false"/>
```

(2)带参数的格式如下。

```
<jsp:include page="相对URL" flush="true|false">
<jsp:param name="属性名" value="属性值"/>
<jsp:param...
</jsp:include>
```

其中,属性 page 指向的是被包含文件的相对路径;当属性 flush 为 true 时,表示实时输出缓冲区,它的默认值是 false。使用<jsp:param>能传递一个或多个参数给动态文件,也能在一个页面中使用多个<jsp:param>来传递多个参数给动态文件。

【例 2-5】带参数的 include 动作标记。

本例在 includeJsp.jsp 中,通过动作标记<jsp:include>引入 date.jsp,并利用<jsp:param>向被引入的页面传递参数,此处要通过 request 内置对象的 setCharacterEncoding("编码格式")来设定编码格式,以避免传递中文时乱码。

includeJsp.jsp 的代码如下。

```
<%@page language="java" contentType="text/html; charset=UTF-8" pageEncoding="UTF-8"%>
<html>
<head>
<meta http-equiv="Content-Type" content="text/html; charset=UTF-8">
<title>include 动作标记</title>
</head>
<body>
<h1>include 动作标记</h1>
<hr>
<%
request.setCharacterEncoding("UTF-8");
%>
<jsp:include page="date.jsp">
<jsp:param name="username" value="张先生"/>
</jsp:include>
</body>
</html>
```

创建 date.jsp,代码如下。

```
<%@page language="java" contentType="text/html;charset=UTF-8" pageEncoding="UTF-8"%>
<%@page import="java.text.SimpleDateFormat"%>
<%@page import="java.util.Date"%>
<html>
<head>
<meta http-equiv="Content-Type" content="text/html;charset=UTF-8">
<title>date 页面</title>
</head>
<body>
<%
   String name=request.getParameter("username");
   out.println("你好, "+name+"!今天的日期是: ");
   Date date = new Date();
   SimpleDateFormatsdf = new SimpleDateFormat("yyyy年MM月dd日");
```

```
    String string = sdf.format(date);
    out.println(string);
%>
</body>
</html>
```

运行 includeJsp.jsp 的效果，如图 2-8 所示。

图 2-8　例 2-5 的执行效果

指令标记 include 和动作标记 include 的不同之处如下。
- 指令标记 include 将静态嵌入文件作为主文件的一部分，所以主文件和子文件其实是一体的；动作标记 include 是动态嵌入文件，子文件不必考虑主文件的属性，子文件是独立的。
- 指令标记 include 在编译时就将子文件载入；而动作标记 include 在运行时才将子文件载入。

2. <jsp:forward>动作标记

<jsp:forward>动作标记用于在服务器终止当前页面的运行，并重定向到其他指定页面。重定向的目标可以是静态的 HTML 页面、JSP 页面，或者是一个程序段。其基本语法包括两种格式：不带参数的格式和带参数的格式。

（1）不带参数的格式如下。
```
<jsp:forward page="页面 URL">
```

（2）带参数的格式如下。
```
<jsp:forward page="页面 URL">
<jsp:param name="属性名" value="属性值"/>
<jsp:param…
</jsp:forward>
```

其中，属性 page 指向的是重定向的页面路径。

【例 2-6】使用带参数的 forward 动作标记。

本例在 forward.jsp 中，通过<jsp:forward>动作标记将页面重定向到 forwardTo.jsp，并利用<jsp:param>传递参数。在 forwardTo.jsp 中，利用 request 内置对象中的 getParameter("变量名")来接收传递过来的参数。

创建 forward.jsp，代码如下。
```
<%@page contentType="text/html;charset=UTF-8" language="java" %>
<html>
<head>
<title>带参数的 forward 动作标记</title>
</head>
```

```
<body>
<%!
    int i=0;
%>
<jsp:forward page="forwardTo.jsp">
<jsp:param name="username" value="MrZhang"/>
<jsp:param name="password" value="abc123"/>
</jsp:forward>
<p>这里的表达式能够输出吗？<%=i%></p>
</body>
</html>
```

创建 forwardTo.jsp，代码如下。

```
<%@page contentType="text/html;charset=UTF-8" language="java" %>
<html>
<head>
<title>带参数的forward动作标记2</title>
</head>
<body bgcolor="#00ffff">
<%
    String name=request.getParameter("username");
    String pw=request.getParameter("password");
    out.println("您的用户名是："+name+"<br/>");
    out.println("您的密码是："+pw);
%>
</body>
</html>
```

forward.jsp 的运行效果，如图 2-9 所示。

图 2-9　例 2-6 的执行效果

forward.jsp 执行到<jsp:forward>标记出现处时停止当前页面的执行，并重定向到新的页面，也就是说，forward.jsp 中<jsp:forward>标记后的部分不执行，如图 2-9 所示，并没有输出表达式<%=i%>。

<jsp:forward>动作标记执行的是服务器的跳转，浏览器地址不变，如图 2-9 中方框所示，地址仍为原来的地址。

3. <jsp:param>动作标记

<jsp:param>动作标记用来传递参数给 JSP 页面，其基本语法如下。

```
<jsp:param name="参数名" value="{参数值|<%=表达式%>}"/>
```

其中，属性 name 表示传递的参数名称，属性 value 用于设置属性的值。

项目 ❷ JSP 基础语法

JSP 标记不同于 HTML 标记，属性值必须加上英文双引号，否则执行时会报错。

使用<jsp:param>动作标记传递参数，在 JSP 页面中通过 request.getParameter("属性名")来获取参数的值。

<jsp:param>动作标记必须配合<jsp:include>、<jsp:forward>或<jsp:plugin>等标记使用。在加载外部程序或是网页转换的时候，传递参数给另一个 JSP 页面，单独使用没有意义。

4．<jsp:plugin>动作标记

<jsp:plugin>动作标记用于在 JSP 网页中加载 JavaApplet 或 JavaBean 程序组件，与 HTML 的<Applet>与<Object>标记有着类似的功能。它有许多常用属性，如表 2-2 所示。

表 2-2　<jsp:plugin>动作标记常用属性

属性	说明
type	加载 Java 程序的类型，可设置的值有 applet 和 bean
code	加载 Java 程序编译后的类名称，如 showpic.class
codebase	编译后 Java 程序类所在的目录，可设置绝对路径或者相对路径。若未设置此属性，则以当前执行网页所在的目录为默认值
name	设置一个名称，用来标识所加载的 JavaApplet 程序或者 JavaBean 程序
align	设置加载的程序在窗口的对齐方式，可设置的值有 bottom（下对齐）、top（上对齐）、middle（中对齐）、left（左对齐）、right（右对齐）
height	加载的程序在窗口中显示的高度
width	加载的程序在窗口中显示的宽度
hspace	加载程序的显示区与网页其他内容的水平间距
vspace	加载程序的显示区与网页其他内容的垂直间距
<jsp:params>	传递参数给加载的程序

5．<jsp:useBean>、<jsp:setProperty>和<jsp:getProperty>等动作标记

（1）<jsp:useBean>动作标记用来加载 JSP 页面中使用的 JavaBean，其语法格式如下。

```
<jsp:useBean id="JavaBean 实例名称" scope="page|request|session|application" class="package.class">
</jsp:useBean>
```

其中，id 指定该 JavaBean 实例的名称。scope 指定该 JavaBean 实例的有效范围，page 指在当前 JSP 页面有效；request 指在任何执行相同请求的 JSP 页面中使用该 JavaBean 实例，直到页面执行完毕；session 指从创建该 JavaBean 实例开始，在相同 session 的 JSP 页面中可以使用该 JavaBean 实例；application 指从创建该 JavaBean 实例开始，在相同 application 的 JSP 页面中可以使用该 JavaBean 实例。class 指定该 JavaBean 实例的类名称。

（2）<jsp:setProperty>动作标记用于设置已经实例化的 Bean 对象的属性，其语法格式如下。

```
<jsp:setProperty
name="JavaBean 实例名称"
```

```
{
    property="*"|
    property="属性名" [param="参数"]|
    property="属性名" value="{String|<%=表达式%>}"
}
/>
```

<jsp:setProperty>中的 name 值必须和<jsp:useBean>中的 id 值相同,且大小写敏感。

(3)<jsp:getProperty>动作标记可获取 Bean 的属性值,用于在页面中显示,其语法格式如下。

```
<jsp:getProperty name="JavaBean 实例名称" property="属性名"/>
```

任务 2.3　拓展实训任务

本任务为一个主题网站的实训任务,将之前学习过的 JSP 基础语法知识点结合起来进行应用。通过拓展实训环节,强化 JSP 基础语法知识点的实际应用能力。

2.3.1　拓展实训任务简介

当我们在浏览主题网站时经常会发现,这些网站的不同频道都是用相同的 LOGO 和频道导航做题头。本任务要完成一个主题网站的制作,如图 2-10～图 2-12 所示。如果在每个页面的题头部分都放置网站的 LOGO 和频道导航,会导致的问题是,当网站 LOGO 或频道导航需要更换时,就需要对每一个网页进行重新设计,这样维护起来既费时又费力。因此,为了便于实现快速维护,我们将两个相对独立的网页拼接成图 2-10 所示的页面,更改 LOGO 时,只需要对 top.html 进行调整即可。

图 2-10　主题网站学院首页

项目 ❷ JSP 基础语法

图 2-11 主题网站学院特色页面

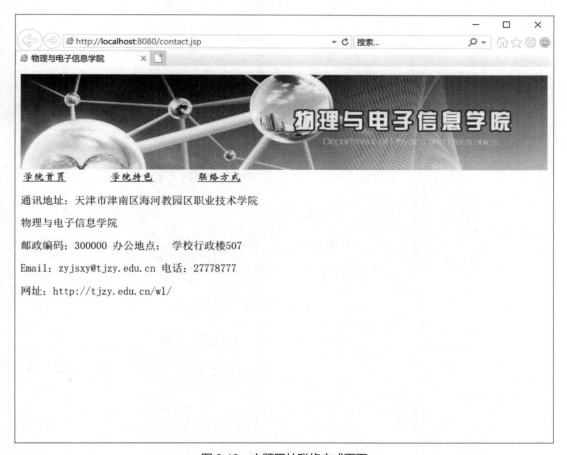

图 2-12 主题网站联络方式页面

2.3.2 拓展实训任务实现

1. 准备工作

启动 IDEA，创建 Web 应用 chapter2。在 web 文件夹下创建 JSP 类型文件 welcome.jsp、index.jsp、feature.jsp 和 contact.jsp。在 web 文件夹下创建 HTML 类型文件 top.html、welcome.html、feature.html 和 contact.html。

2. 资源添加

展开 chapter2 应用项目，可以看到 chapter2 下的 web 文件夹。选中 web 文件夹，单击鼠标右键，在弹出的快捷菜单中选择 "New" → "Directory" 命令，创建 images 子文件夹。然后将本书配套资源中的图片文件 top.jpg 复制粘贴到该文件夹中。

3. HTML 页面的制作

在已经创建的 top.html、welcome.html、feature.html 和 contact.html 文件中添加代码，完成 HTML 页面的制作。

- top.html 页面的代码如下。

```
<%@age pageEncoding="UTF-8"%>
<html>
<head>
<title>top.html</title>
<meta http-equiv="keywords" content="keyword1,keyword2,keyword3">
<meta http-equiv="description" content="this is my page">
<meta http-equiv="content-type" content="text/html; charset=UTF-8">
</head>
<body>
<imgsrc="images/top.jpg" width="780" height="150">
<table width="50%" border="0">
<tr>
<td height="19"><font color="#FF0000" face="华文新魏"><a href="index.jsp?choice=1">学院首页</a></font></td>
<td><font color="#FF0000" face="华文新魏"><a href="index.jsp?choice=2">学院特色</a></font></td>
<td><font color="#FF0000" face="华文新魏"><a href="index.jsp?choice=3">联络方式</a></font></td>
</table>
</body>
</html>
```

- welcome.html 页面的代码如下。

```
<%@page pageEncoding="UTF-8"%>
<html>
<head>
<title>welcome.htm</title>
<meta http-equiv="keywords" content="keyword1,keyword2,keyword3">
<meta http-equiv="description" content="this is my page">
<meta http-equiv="content-type" content="text/html; charset=UTF-8">
</head>
<body>
```

```
学院简介<br>
<br>
<font color="#FF0000" face="华文新魏">学院概况：</font><font size="2">物理与材料科
学学院的前身是1958年成立的数理系,1959年独立划分为物理系,2001年组建物理与电子信息学院,2013
年重组更名为物理与材料科学学院。学院下设物理学系、应用物理学系、物理实验中心、天体物理中心、能
源与材料工程中心。</font><br>
<br>
<font color="#FF0000" face="华文新魏">师资力量:<font size="2">：</font></font><font
size="2">学院有教职工67人，其中专任教师57人，正高级职称9人，副高级职称20人，目前学院教
师队伍中，博士学位获得者占比超过90%。</font><br>
<font color="#FF0000" face="华文新魏"><br>
学科硬件：</font><font size="2">拥有TM3000台式电子显微镜、场发射扫描电镜SU8010、太阳光
模拟器、TF2000铁电分析仪、高能气体离子源等先进设备。</font><br>
<font color="#FF0000" face="华文新魏"><br>
教学模式：</font><font size="2">多年来，我院专业教师积极探索理学教育模式，"以学生为主体，
教师为主导"进行教学改革与教学研究，取得了令人瞩目的成绩。我院公开出版教材23本（其中15本为
近3年出版）。在校企合作与交流方面，我院开展了独具特色的"校企联合培养计划"。</font><br>
<br>
<br>
</body>
</html>
```

- feature.html 页面的代码如下。

```
<%@page pageEncoding="UTF-8"%>
<html>
<head>
<title>special.htm</title>
<meta http-equiv="keywords" content="keyword1,keyword2,keyword3">
<meta http-equiv="description" content="this is my page">
<meta http-equiv="content-type" content="text/html; charset=UTF-8">
</head>
<body>
<font size="4" face="华文新魏">
  学院现有本科生739人，研究生106人。 学院现有实验教学面积5000平方米。在硬件条件上，经过天
津市连续5个五年计划的投入、中央与地方共建项目以及学校实验室专项建设等多次成规模的投资，学院的
基础实验室和专业实验室逐步完善。目前学院的教学科研仪器设备总值达到4000万元，为 "强化实践育
人"和"高水平科学研究"奠定了基础。
</font>
</body>
</html>
```

- contact.html 页面的代码如下。

```
<%@page pageEncoding="UTF-8"%>
<html>
<head>
<title>contact.htm</title>
<meta http-equiv="keywords" content="keyword1,keyword2,keyword3">
<meta http-equiv="description" content="this is my page">
<meta http-equiv="content-type" content="text/html; charset=UTF-8">
```

```
</head>
<body>
<p>通讯地址：天津市津南区海河教园区职业技术学院</p>
<p> 物理与电子信息学院</p>
<p>邮政编码：300000 办公地点： 学校行政楼507</p>
<p>Email: zyjsxy@tjzy.edu.cn 电话：27778777</p>
<p>网址: http://tjzy.edu.cn/wl/</p>
<br>
</body>
</html>
```

4. JSP 页面的制作

在已经创建的 welcome.jsp、feature.jsp、contact.jsp 和 index.jsp 文件中添加代码，完成 JSP 页面的制作。

- welcome.jsp 页面的制作。

welcome.jsp 页面的功能是将 top.html 和 welcome.html 拼接成一个页面进行显示，其代码如下。

```
<%@page language="java" import="java.util.*" pageEncoding="UTF-8"%>
<%
String path = request.getContextPath();
String basePath = request.getScheme()+"://"+request.getServerName()+":"+
request.getServerPort()+path+"/";
%>
<html>
<head>
<base href="<%=basePath%>">
<title>物理与电子信息学院网站</title>
<meta http-equiv="pragma" content="no-cache">
<meta http-equiv="cache-control" content="no-cache">
<meta http-equiv="expires" content="0">
<meta http-equiv="keywords" content="keyword1,keyword2,keyword3">
<meta http-equiv="description" content="This is my page">
</head>
<body>
    <%@ include file="top.html"%>
    <%@ include file="welcome.html" %>
</body>
</html>
```

- feature.jsp 页面的制作。

feature.jsp 页面的功能是将 top.html 和 feature.html 拼接成一个页面进行显示，其代码如下。

```
<%@page language="java" import="java.util.*" pageEncoding="UTF-8"%>
<%
String path = request.getContextPath();
String basePath = request.getScheme()+"://"+request.getServerName()+":"+
request.getServerPort()+path+"/";
%>
```

```
<html>
<head>
<base href="<%=basePath%>">
<title>物理与电子信息学院网站</title>
<meta http-equiv="pragma" content="no-cache">
<meta http-equiv="cache-control" content="no-cache">
<meta http-equiv="expires" content="0">
<meta http-equiv="keywords" content="keyword1,keyword2,keyword3">
<meta http-equiv="description" content="This is my page">
</head>
<body>
    <%@ include file="top.html"%>
    <%@ include file="feature.html" %>
</body>
</html>
```

- contact.jsp 页面的制作。

contact.jsp 页面的功能是将 top.html 和 contact.html 拼接成一个页面进行显示，其代码如下。

```
<%@page language="java" import="java.util.*" pageEncoding="UTF-8"%>
<%
String path = request.getContextPath();
String basePath = request.getScheme()+"://"+request.getServerName()+":"+request.getServerPort()+path+"/";
%>
<html>
<head>
<base href="<%=basePath%>">
<title>物理与电子信息学院网站</title>
<meta http-equiv="pragma" content="no-cache">
<meta http-equiv="cache-control" content="no-cache">
<meta http-equiv="expires" content="0">
<meta http-equiv="keywords" content="keyword1,keyword2,keyword3">
<meta http-equiv="description" content="This is my page">
</head>
<body>
    <%@ include file="top.html"%>
    <%@ include file="contact.html" %>
</body>
</html>
```

- index.jsp 页面的制作。

在 top.html 中，"学院首页"指向的链接为"index.jsp?choice=1"。其中，index.jsp 表示要链接到的页面；链接中的？表示后面部分为所传递的参数；choice 表示传递的参数名；数字 1 表示的是传递参数的值。如传递多个参数，则用&进行连接。相应地，"学院特色"指向的链接为"index.jsp?choice=2"，"联络方式"指向的链接为"index.jsp?choice=3"。

index.jsp 通过 request.getParameter("choice")获取参数值，并将相应的页面嵌入 index.jsp 的当前位置中。

index.jsp 页面的制作代码如下。

```jsp
<%@page language="java" import="java.util.*" pageEncoding="UTF-8"%>
<%
String path = request.getContextPath();
String basePath = request.getScheme()+"://"+request.getServerName()+":"+request.getServerPort()+path+"/";
%>
<html>
<head>
<base href="<%=basePath%>">
<title>物理与电子信息学院网站</title>
<meta http-equiv="pragma" content="no-cache">
<meta http-equiv="cache-control" content="no-cache">
<meta http-equiv="expires" content="0">
<meta http-equiv="keywords" content="keyword1,keyword2,keyword3">
<meta http-equiv="description" content="This is my page">
</head>
<body>
    <%@include file="top.html"%>
    <%
      String s=request.getParameter("choice");
      if (s==null)
          s="1";
      int choice=Integer.parseInt(s);
      switch(choice){
          case 1:%>
<%@include file="welcome.html"%>
          <%break;
          case 2:%>
<%@include file="feature.html"%>
          <%break;
          case 3:%>
<%@include file="contact.html"%>
          <%break;
          }
    %>
</body>
</html>
```

项目小结

本项目主要介绍了 JSP 页面的基本组成，JSP 语法中的脚本标记、指令标记、动作标记等知识。通过对本项目的学习，大家可以对 JSP 技术的基本语法有初步的了解，并能掌握 JSP 语法的基本规范和使用方式，为后面的学习打下坚实的基础。

考核与评价

表 2-3 用于记录学习完成人在学习过程中的形成性表现，主要围绕能力素养、知识点掌握和其他表现等情况进行综合性评价。能力考核点从理解学习目标的能力、自主逻辑思维的能力、吸收知识的能力、编写项目程序的能力、解决问题的能力、总结反思的能力 6 个维度

项目 ❷ JSP 基础语法

进行相关的评价。知识考核点从 JSP 页面元素的组成、JSP 技术的脚本标记、JSP 技术的指令标记、JSP 技术的动作标记 4 个维度进行相关的评价。表现考核点从学习出勤情况、学习态度情况、学习纪律情况 3 个维度进行相关的评价。综合性评价可以分为优、良、中、合格和不合格 5 个等级。学习指导者可以根据学习完成人在本项目学习过程中的具体表现,在表 2-3 中给出相关部分的评语、得分和综合性评价。

表 2-3 考核与评价表

项目名称			学习完成人	
学习时间			综合性评价	
能力素养情况评分(40 分)				
序号	能力考核点	评语	配分	得分
1	理解学习目标的能力		5	
2	自主逻辑思维的能力		5	
3	吸收知识的能力		5	
4	编写项目程序的能力		10	
5	解决问题的能力		10	
6	总结反思的能力		5	
知识点掌握情况评分(40 分)				
序号	知识考核点	评语	配分	得分
1	JSP 页面元素的组成		5	
2	JSP 技术的脚本标记		5	
3	JSP 技术的指令标记		15	
4	JSP 技术的动作标记		15	
其他表现情况评分(20 分)				
序号	表现考核点	评语	配分	得分
1	学习出勤情况		5	
2	学习态度情况		10	
3	学习纪律情况		5	

课后习题

1. 填空题

(1) JSP 页面遵守 Java 的语法规则,是_____与_____语言两者的融合。
(2) JSP 的基本语法包括:_____、_____和_____等 JSP 元素。

2. 选择题

(1) 以下哪个语法格式是进行 JSP 声明的?( )
  A. <%...%> B. <%!...%> C. <%@...%> D. <!--...-->

（2）以下哪个语法是 JSP 技术中的静态指令？（　　）
　　A. <%@page...%>　　　　　　　　B. <%@taglib...%>
　　C. <%@include...%>　　　　　　　D. <jsp:include>...</jsp:include>
3. 简答题
（1）简述 JSP 页面的构成。
（2）简述指令标记 include 和动作标记 include 的区别。

项目 ❸ JSP 内置对象

JSP 内置对象是不需要声明和创建就可以在 JSP 页面脚本中使用的成员变量。通过这些内置对象，可以实现响应客户端的请求、向客户端发送数据等功能。本项目将详细介绍 JSP 内置对象的使用方法。

学习目标

知识目标
1. 熟悉 JSP 内置对象的作用
2. 熟悉常用的 JSP 内置对象

能力目标
1. 掌握 request 内置对象
2. 了解 response 内置对象
3. 掌握 out 内置对象
4. 掌握 session 内置对象
5. 了解 application 内置对象

素养目标
1. 培养深入思考、钻研的学习能力
2. 培养编写和调试程序的实践能力

课堂与人生

建立自己解决问题的"方法库"。

课堂与人生

任务 3.1 JSP 内置对象简介

本任务对 JSP 内置对象进行介绍，主要内容包括：JSP 内置对象概述、内置对象之间的联系和内置对象的作用域。

3.1.1 JSP 内置对象概述

JSP 技术提供了 9 个内置对象。这些内置对象在 JSP 开发环境下不需要预先声明和创建就能直接使用。这 9 个内置对象分别是 request、response、

JSP 内置对象
简介

application、session、out、config、pageContext、page 和 exception，其主要功能如表 3-1 所示。

表 3-1　JSP 技术中的内置对象

内置对象	类	主要功能说明
request	javax.servlet.ServletRequest	获得客户端与系统的信息
response	javax.servlet.ServletResponse	响应客户端信息
application	javax.servlet.ServletContext	记录与处理上线者共享的数据
session	javax.servlet.http.HttpSession	记录与处理上线者的个别数据
out	javax.servlet.jsp.JspWriter	控制数据输出的操作
config	javax.servlet.ServletConfig	获得 JSP 编译后的 Servlet 信息
pageContext	javax.servlet.jsp.PageContext	存取和处理系统运行时的各种信息
page	javax.servlet.jsp.HttpJspPage	代表目前的 JSP 网页对象
exception	java.lang.Exception	异常处理机制

3.1.2　内置对象之间的联系

下面对 JSP 技术中内置对象之间的联系加以介绍。

1．request 内置对象与 response 内置对象

JSP 页面之所以具备与用户交互的功能，关键在于 request 内置对象与 response 内置对象。request 内置对象让服务器获得用户在页面表单中所输入的数据内容；response 内置对象则提供服务器程序响应客户端提交的信息所需的功能。

2．application 内置对象与 session 内置对象

application 与 session 这两个内置对象主要用于记录和处理 JSP 页面之间的共享数据。由于 Internet 本身是一种无联机状态的应用程序，当一份页面文件从网站服务器传至客户端的浏览器之后，客户端与服务器之间就没有任何联机状态存在了。这个先天缺陷让页面无法存储应用程序运行期间所需的共享数据，而 JSP 技术是通过 application 内置对象与 session 内置对象来解决这个问题的。

3．out 内置对象

JSP 页面是一种动态文件，它与 HTML 页面这一类静态文件的最大不同在于，同一页面经过程序处理，可以根据各种条件及情况呈现不同效果。out 内置对象在这一方面提供相关支持，服务器利用 out 内置对象，将要输出的内容在传送至页面时，动态地写入页面中。

4．config、pageContext 以及 page 内置对象

这 3 个内置对象用于存取 JSP 页面运行阶段的各种信息。其中 config 内置对象包含 JSP 页面被编译成为 Servlet 之后的相关信息；pageContext 内置对象提供对系统运行期间的各种

信息进行存取操作的功能；page 内置对象代表目前正在运行的 JSP 页面对象本身。

5. exception 内置对象

exception 内置对象是为 JSP 页面提供用于处理程序运行错误的异常对象。此对象搭配 Java 语言中功能强大的异常处理机制，可以运用于 JSP 页面中的程序异常处理。

3.1.3 内置对象的作用域

session、application、pageContext 和 request 等内置对象可以实现数据在页面之间的传递，但它们的作用域各不相同。JSP 技术提供了 4 种作用域，相关的作用范围如下。

- page 作用域：设置的作用范围只在当前页面有效。
- request 作用域：设置的作用范围在用户的 1 次请求范围内有效。
- session 作用域：设置的作用范围在浏览器与服务器之间的 1 次会话范围内有效，如果浏览器与服务器之间的连接断开了，则失效。
- application 作用域：设置的作用范围在服务器开始执行服务起效，至服务器停止服务时失效。

JSP 技术中常见内置对象对应的默认作用域，如表 3-2 所示。

表 3-2 内置对象的作用域

内置对象	作用域
request	request
response	page
pageContext	page
session	session
application	application
out	page
config	page
page	page
exception	page

任务 3.2　request 内置对象

本任务对 request 内置对象进行讲解，主要内容包括：request 内置对象的常用方法和 request 内置对象的应用。

3.2.1 request 内置对象的常用方法

request 内置对象主要用于接收客户端通过 HTTP 协议连接传输到服务器的数据，其作用域是 request 作用域。

request 内置对象的常用方法如表 3-3 所示。

request 内置对象

表 3-3 request 内置对象的常用方法

方法	说明
getAttribute(String name)	返回 name 所指定的属性值
setAttribute(String name,Object obj)	设定 name 所指定的属性值为 obj
removeAttribute(String name)	删除 name 所指定的属性
getAttributeNames()	返回 request 对象所有的属性名称集合
getParameter(String name)	从客户端获取 name 所指定的参数值
getParameterNames()	从客户端获取所有参数名称
getParameterValues(String name)	从客户端获取 name 所指定参数的所有值
setCharacterEncoding(String encoding)	设定请求中所使用的字符编码（只支持用 post()方法提交的数据）

3.2.2 request 内置对象的应用

下面通过对 request 内置对象的应用的讲解，来帮助大家进一步理解该内置对象的使用。

【例 3-1】利用 request 内置对象获取信息并显示该信息。

本例包括两个文件：requestLogin.jsp 和 requestShowInfo.jsp。

用户在 requestLogin.jsp 页面中输入用户名和密码，在 requestShowInfo.jsp 页面中利用 request 内置对象获得用户输入的用户名和密码信息，并进行显示。

- requestLogin.jsp 页面的代码如下。

```jsp
<%@page contentType="text/html;charset=UTF-8" language="java" pageEncoding=
"UTF-8" %>
<html>
<head>
<meta http-equiv="Content-Type" content="text/html; charset=UTF-8">
<title>使用 request 内置对象--requestLogin.jsp</title>
</head>
<body bgcolor="#ffc7c7">
<form name="form1" method="post" action="requestShowInfo.jsp">
<p align="center">用户名:<input type="text" name="username"></p>
<p align="center">密  码: <input type="password" name="password"></p>
<p align="center">
<input type="submit" name="Submit" value="OK">
<input type="reset" name="Reset" id="Reset" value="Cancel">
</p>
</form>
</body>
</html>
```

- requestShowInfo.jsp 页面的代码如下。

```jsp
<%@page contentType="text/html;charset=UTF-8" language="java" pageEncoding=
"UTF-8" import="java.util.*" %>
<html>
```

项目 ❸ JSP 内置对象

```
<head>
<meta http-equiv="Content-Type" content="text/html; charset=UTF-8">
<title>使用 request 内置对象--requestShowInfo.jsp</title>
</head>
<body bgcolor="#ccffcc">
<h1>您刚才输入的内容是：<br></h1>
<%
    Enumeration enu = request.getParameterNames();
    while(enu.hasMoreElements()) {
        String parameterName = (String)enu.nextElement();
        String parameterValue = request.getParameter(parameterName);
        out.print("参数名称："+parameterName+"<br>");
        out.print("参数内容："+parameterValue+"<br>");
    }
%>
</body>
</html>
```

requestLogin.jsp 页面的运行效果，如图 3-1 所示。用户输入用户名和密码后，单击 "OK" 按钮，出现图 3-2 所示的页面效果。

图 3-1　requestLogin.jsp 页面的运行效果

图 3-2　显示信息的页面效果

47

任务 3.3 response 内置对象

response 内置对象

本任务对 response 内置对象进行讲解，主要内容包括：response 内置对象的常用方法和 response 内置对象的应用。

3.3.1 response 内置对象的常用方法

response 内置对象用于将服务器数据发送给客户端，以响应客户端的请求。

response 内置对象的常用方法，如表 3-4 所示。

表 3-4 response 内置对象的常用方法

方法	说明
setContentType(String type)	动态响应 contentType 属性
setHeader(String name,String value)	设置 HTTP 应答报文的首部字段和值及自动更新
sendRedirect(String redirectURL)	将客户端重定向到指定 URL
setStatus(int n)	设置 HTTP 返回的状态值
addCookie(Cookie cookie)	添加一个 Cookie 对象

3.3.2 response 内置对象的应用

下面通过对 response 内置对象的应用的讲解，来帮助大家进一步理解该内置对象的使用。

【例 3-2】利用 response 内置对象控制页面的刷新频率。

本例在 responseRefresh.jsp 页面中设置页面刷新的频率，并在页面中实时显示当前的时间。

responseRefresh.jsp 页面的代码如下。

```jsp
<%@page contentType="text/html;charset=UTF-8" language="java" %>
<html>
<head>
<meta http-equiv="Content-Type" content="text/html;charset=UTF-8">
<title>使用 response 内置对象--responseRefresh.jsp</title>
</head>
<body>
<h3>现在的时间是：</h3>
<hr/>
<%=new java.util.Date()%>
<%
response.setHeader("refresh", "1");//对属性 refresh 赋值，页面每 1 秒刷新 1 次
%>
<hr/>
</body>
</html>
```

responseRefresh.jsp 页面的运行效果如图 3-3 所示。

项目 ❸ JSP 内置对象

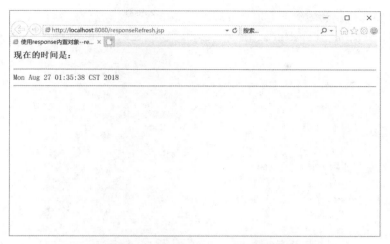

图 3-3 responseRefresh.jsp 页面的运行效果

任务 3.4 out 内置对象

本任务对 out 内置对象进行讲解，主要内容包括：out 内置对象的常用方法和 out 内置对象的应用。

3.4.1 out 内置对象的常用方法

out 内置对象是 JspWriter 类的实例对象，是向客户端输出内容常用的对象。out 内置对象的常用方法如表 3-5 所示。

out 内置对象

表 3-5 out 内置对象的常用方法

方法	说明
clear()	清除缓冲区中的数据。如果缓冲区已经是空的，则会产生 IOException 的异常
clearBuffer()	清除缓冲区中的数据。如果缓冲区已经是空的，不会产生 IOException 的异常
flush()	直接将暂存于缓冲区中的数据清空并输出到网页
getBufferSize()	返回缓冲区的大小
getRemaining()	返回缓冲区中剩余空间的大小
isAutoFlush()	返回布尔值表示是否自动输出缓冲区中的数据
newline()	输出换行
print(datatype data)	输出数据类行为 datatype 的数据 data
println(datatype data)	输出数据类型为 datatype 的数据 data，并且自动换行

3.4.2 out 内置对象的应用

下面通过对 out 内置对象的应用的讲解，来帮助大家进一步理解该内置对象的使用。

【例 3-3】利用 out 内置对象进行信息的输出。

本例在 out.jsp 页面中利用 out 内置对象的 println(datatype data)方法将指定内容输出，并利用 out 内置对象的 getBufferSize()方法和 getRemaining()方法，分别获取缓冲区及其剩余空间的大小。

49

out.jsp 页面的代码如下。

```
<%@page contentType="text/html;charset=UTF-8" language="java" %>
<html>
<head>
<title>使用 out 内置对象--out.jsp</title>
</head>
<body>
<h2>out 内置对象</h2>
<%
out.println("学习使用 out 内置对象:<br>");
int Buffer = out.getBufferSize();
int Available = out.getRemaining();
%>
输出缓冲区的大小：<%= Buffer %><br>
缓冲区剩余空间的大小：<%= Available %><br>
</body>
</html>
```

out.jsp 页面的运行效果如图 3-4 所示。

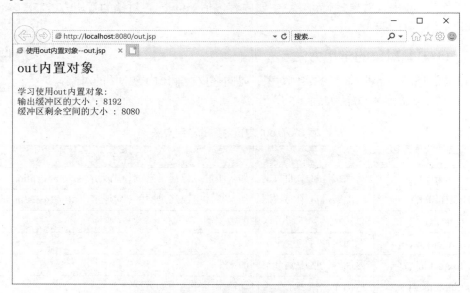

图 3-4　out.jsp 页面的运行效果

任务 3.5　session 内置对象

session 内置对象

本任务主要对 session 内置对象进行讲解，主要内容包括：session 内置对象的常用方法和 session 内置对象的应用。

3.5.1　session 内置对象的常用方法

session 一词，其本来的含义是有始有终的一系列动作或消息。比如打电话时，从拿起电话拨号到挂断电话，这一系列过程可以称为一个 session。

在网络应用中，session 内置对象存储特定用户会话的属性及配置信息。

这样，当用户在 Web 页面之间跳转时，存储在 session 内置对象中的信息将不会丢失，并在整个用户会话过程中一直存在。

当用户请求来自 Web 页面时，如果该用户还没有会话，则 Web 服务器将自动创建一个 session 内置对象。当会话过期或被放弃后，服务器将终止该会话，并释放该 session 内置对象所占用的内存空间。

session 内置对象的常用方法如表 3-6 所示。

表 3-6　session 内置对象的常用方法

方法	说明
setAttribute(String name, Object obj)	在会话中设定 name 所指定的属性值为 obj
getAttribute(String name)	返回会话中 name 所指定的属性值
getAttributeNames()	返回会话中所有变量的名称
removeAttribute(String name)	删除会话中 name 所指定的属性
invalidate()	销毁与用户关联的会话
getCreationTime()	返回会话建立的时间，返回值为从格林尼治时间 1970 年 1 月 1 日开始算到会话建立时的毫秒数
getLastAccessedTime()	返回客户端对服务器提出请求至处理 session 中数据的最后时间，若为新建的会话，则返回–1
getMaxInactiveInterval()	返回客户端未对会话提出请求而会话开始停滞到自动消失之间所间隔的时间，返回值单位为秒
isNew()	返回布尔值表示是否为新建的会话。新建是指程序调用会话内置对象在服务器建立会话，而尚未将此会话的信息记录到客户端的 Cookie 中
setMaxInactiveInterval(int interval)	设置客户端未对会话提出请求而会话开始停滞到自动消失之间所间隔的时间为 interval，以秒为单位

3.5.2　session 内置对象的应用

下面通过对 session 内置对象的应用的讲解，来帮助大家进一步理解该内置对象的使用。

【例 3-4】利用 session 内置对象，统计访问该网站的人数。

本例在 sessionCount.jsp 页面中，利用 session 内置对象中的 isNew()方法，判断当前是否为一个新创建的 session 内置对象，如果是则访问数加 1，否则访问数不变。

seesionCount.jsp 页面的代码如下。

```
<%@page contentType="text/html;charset=UTF-8" language="java" %>
<html>
<head>
<title>session 内置对象计数器--sessionCount.jsp</title>
<style type="text/css">
        h1{color:red; text-align: center; size:7px}
        p{color:green; text-align: center; size: 5px}
```

```jsp
</style>
</head>
<body>
<%!int Num = 0; %>
<%
    if(session.isNew()) {
        Num += 1;
        session.setAttribute("Num", Num);//将 Num 变量值存入 session
    }
%>
<h1>session 计数器</h1>
<br>
<p>
您是第
<%=session.getAttribute("Num") %>
个访问本网站的用户
</p>
</body>
</html>
```

第 1 次运行 sessionCount.jsp 页面时，效果如图 3-5 所示。在浏览器中刷新页面时，因为没有创建新的会话，所以访问人数并不会有变化。当关闭浏览器（即关闭客户端与服务器当前会话）后，再次打开该页面，访问人数会加 1，如图 3-6 所示。

图 3-5　第 1 次运行页面的效果

图 3-6　访问人数增加后的页面效果

任务 3.6　application 内置对象

本任务主要对 application 内置对象进行讲解，主要内容包括：application 内置对象的常用方法和 application 内置对象的应用。

application 内置对象

3.6.1　application 内置对象的常用方法

在 JSP 技术中，使用 session 内置对象来存储每个用户的私有信息。但是，有时候服务器需要管理面向整个应用的参数，使每个用户都能获得相同的参数值，这时就需要用到 application 内置对象了。

application 内置对象对服务器而言，可以视为一个所有联机用户共享的数据存取区。application 内置对象中的变量数据在程序设置其值时被初始化，而当 Web 服务器被关闭，或者超过预设时间而未有任何用户联机时自动消失。

对每一个联机浏览网页的用户来说，application 内置对象用于存储其共享的数据，对于网站中任何一个页面，用户存取的数据内容均相同，可以将其视为传统应用程序中的全局共享变量。

application 内置对象的常用方法如表 3-7 所示。

表 3-7　application 内置对象的常用方法

方法	说明
setAttribute(String name, Object obj)	在 application 中设定 name 所指定的属性值为 obj
getAttribute(String name)	返回 application 中 name 所指定的属性值
getAttributeNames()	返回 application 中所有变量的名称
removeAttribute(String name)	删除 application 中 name 所指定的属性
getMajorVersion()	返回服务器解释引擎所支持的最新 Servlet API 版本
getMinorVertion()	返回服务器解释引擎所支持的最低 Servlet API 版本
getMimeType(string file)	返回文件 file 的文件格式与编码方式
getRealPath(String path)	返回虚拟路径 path 的真实路径
getServerInfo()	返回服务器解释引擎的信息

3.6.2　application 内置对象的应用

下面通过对 application 内置对象的应用的讲解，来帮助大家进一步理解该内置对象的使用。

【例 3-5】利用 application 内置对象，实现共享留言板的信息。

本例在 inputMessage.jsp 页面中通过表单呈现出留言板，并收集用户填写的内容。

在 checkMessage.jsp 页面中，接收表单中传递过来的信息并加以处理。通过 application 内置对象中的 setAttribute(String name)方法将用户填写的信息存入相应的全局变量。

在 showMessage.jsp 页面中，通过 application 内置对象中的 getAttribute(String name)方法获取全局变量的值，并以适当的形式显示出来。

- inputMessage.jsp 页面的代码如下。

```jsp
<%@page language="java" import="java.text.*,java.util.*"
contentType="text/html; charset=UTF-8" pageEncoding="UTF-8"%>
<html>
<head>
<meta http-equiv="Content-Type" content="text/html; charset=UTF-8">
<title>使用 application 内置对象--inputMessage.jsp</title>
<style>
        #form2 input {
            color: green;
            font-weight: bold;
        }
</style>
</head>
<body bgcolor="#abcdef">
<form action="checkMessage.jsp" method="post">
请输入姓名： <input type="text" name="name" /><br>
请输入标题： <input type="text" name="title" /><br>
请输入内容：
<textarea cols="40" rows="10" name="message"></textarea>
<br><br><br>
<input type="submit" value="留言" />
</form>
<br>
<form id="form2" action="showMessage.jsp" method="post">
<input type="submit" value="查看留言板" />
</form>
</body>
</html>
```

- checkMessage.jsp 页面的代码如下。

```jsp
<%@page language="java" import="java.text.*,java.util.*"
contentType="text/html;charset=UTF-8" pageEncoding="UTF-8"%>
<html>
<head>
<meta http-equiv="Content-Type" content="text/html;charset=UTF-8">
<title>使用 application 内置对象--checkMessage.jsp</title>
</head>
<body bgcolor="#abcdef">
<%!Vector<String> v = new Vector<String>();
    int i = 0;%>
<%
    String datetime = new SimpleDateFormat("yyyy-MM-dd hh:mm:ss").format(Calendar.getInstance().getTime());
%>
<%
```

```jsp
    request.setCharacterEncoding("utf-8");
    String name = request.getParameter("name");
    String title = request.getParameter("title");
    String message = request.getParameter("message");
%>
<%
    if (name == null || "".equals(name.trim())) {
        name = " 网友" + (int) (Math.random() * 100000 + 10000);
    }
    if (title == null || "".equals(title.trim())) {
        title = " 无";
    }
    if (message == null || "".equals(message.trim())) {
        message = " 无";
    }
%>
<%
    i++;
    String str = "第" + "<span class=span0>" + i +"</span> " + "楼  "
            + ".<span class=span1>留言人: </span>" + name + ".<span class=span2>标题: </span>" + title
            + ".<span class=span3>内容: </span><br>   " + message
            + ".<span class=span4>时间: </span> " + datetime + ".<hr>";

    v.add(str);
    application.setAttribute("message", v);
%>
留言成功.
<a href="inputMessage.jsp">返回留言板</a>
</body>
</html>
```

- showMessage.jsp 页面的代码如下。

```jsp
<%@page import="com.sun.org.apache.xml.internal.serializer.utils.StringToIntTable"%>
<%@page language="java" import="java.util.*" contentType="text/html;charset=UTF-8" pageEncoding="UTF-8"%>
<html>
<head>
<meta http-equiv="Content-Type" content="text/html; charset=UTF-8">
<title>使用 application 内置对象--showMessage.jsp</title>
<style>
    body {
        background: RGBA(38, 38, 38, 1);
    }
    div {
        width: 800px; //
        border: 1px solid RGBA(100, 90, 87, 1);
        color: white;
```

```
        }
        span {
            font-size: 20px;
            font-weight: bold;
        }
        .span0 {
            color: red;
            font-size: 25px;
        }
        .span1 {
            color: green;
        }
        .span2 {
            color: orange;
        }
        .span3 {
            color: green;
        }
        .span4 {
            color: red;
        }
</style>
</head>
<body>
<div>
<%
    Object o = application.getAttribute("message");
    if (o == null) {
      out.print("暂时还没有留言呢");
    } else {
        Vector<String> v = (Vector<String>) o;
        for (int i = v.size() - 1; i>= 0; i--){
            StringTokenizerst = new StringTokenizer(v.get(i), ".");
            while (st.hasMoreElements()) {
                out.print(st.nextToken() + "<br>");
            }
        }
    }
%>
</div>
</body>
</html>
```

运行 inputMessage.jsp 页面的效果如图 3-7 所示。用户填写相应的留言信息后，单击"留言"按钮，则会将信息传送至 checkMessage.jsp 页面，并显示留言成功，页面效果如图 3-8 所示。单击"返回留言板"链接，就会通过链接返回留言板界面（inputMessage.jsp 页面）。在 inputMessage.jsp 页面中单击"查看留言板"按钮，则可以查看所有用户的历史留言，页面效果如图 3-9 所示。

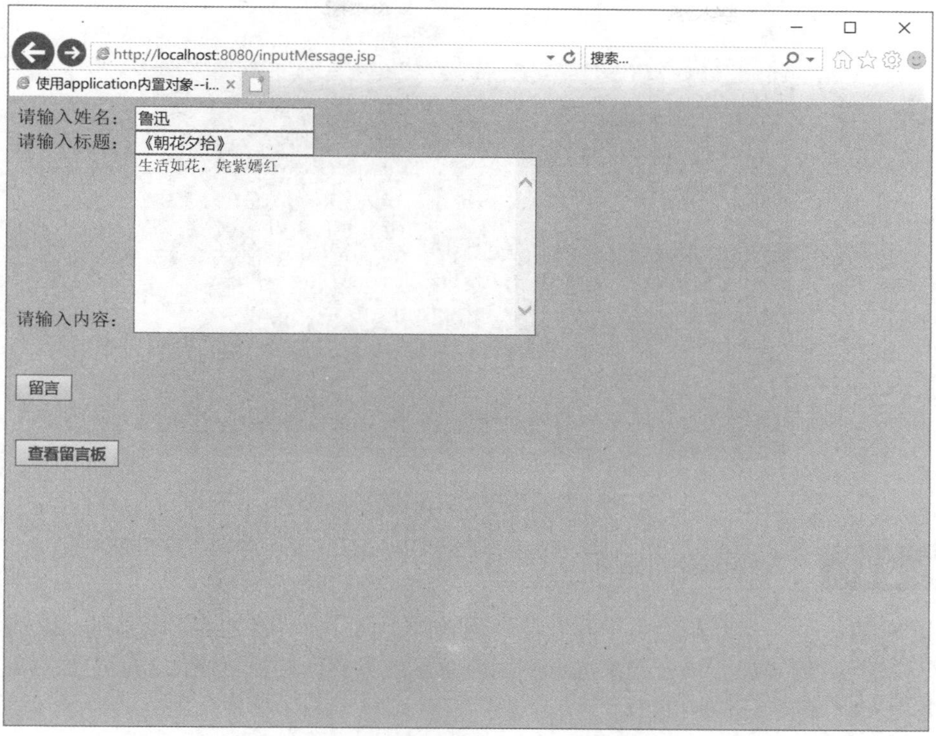

图 3-7　运行 inputMessage.jsp 页面的效果

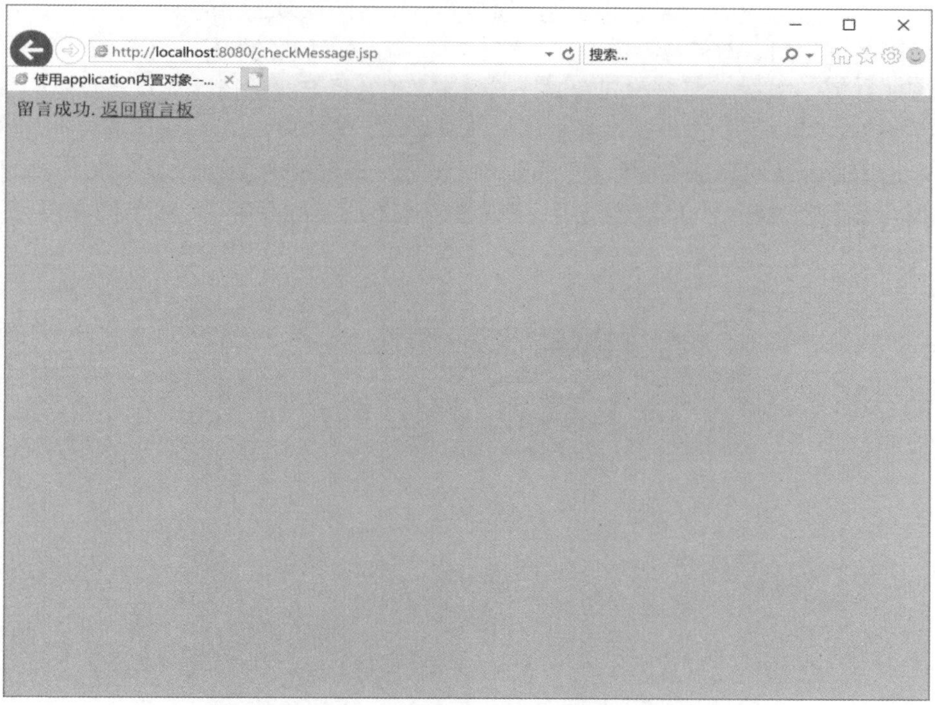

图 3-8　留言成功的页面效果

图 3-9 查看用户历史留言的页面效果

任务 3.7 拓展实训任务

拓展实训任务

本任务为一个问卷调查网站的实训任务，将之前学习过的 JSP 内置对象的知识点结合起来进行应用。通过拓展实训环节，强化 JSP 内置对象知识点的实际应用能力。

3.7.1 拓展实训任务简介

人们在日常生活中经常会参与一些问卷调查的活动，有的问卷调查是通过页面的形式进行的。本任务是完成一个网上问卷调查的网站的制作。

在图 3-10 中，首先需要参与问卷调查的受访者填写姓名并选择性别。单击"下一步"按钮后，在图 3-11 中，受访者继续选择自己的业余爱好。然后单击"下一步"按钮，此时页面能够显示出用户所填写和选择的信息，同时将当前参与调查的统计结果显示出来，如图 3-12 所示。当有其他受访者参与问卷调查后，调查的统计信息会继续累积，如图 3-13 所示。

图 3-10 受访者填写姓名并选择性别的页面效果

项目 ❸ JSP 内置对象

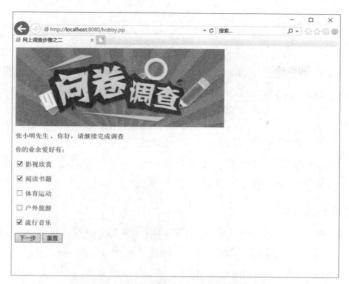

图 3-11 受访者选择业余爱好的页面效果

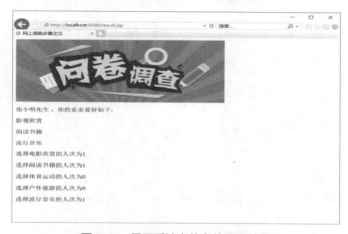

图 3-12 显示受访者信息的页面效果

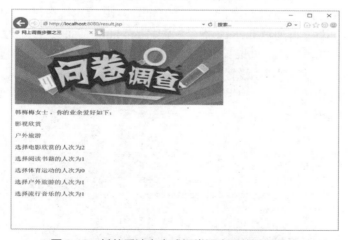

图 3-13 其他受访者完成问卷调查后的页面效果

3.7.2 拓展实训任务实现

1. 准备工作

启动 IDEA，创建 Web 应用 chapter3。展开项目，在 web 文件夹下创建 JSP 类型文件 index.jsp、hobby.jsp 和 result.jsp。在 web 文件夹下创建 HTML 类型文件 top.html。

2. 资源添加

展开 chapter3 项目，可以看到 chapter3 下的 web 文件夹。选中 web 文件夹，单击鼠标右键，在弹出的快捷菜单中选择"New"→"Directory"命令，创建 images 子文件夹。然后将本书配套资源中的图片文件 top.jpg 复制到该文件夹中。

3. HTML 页面的制作

该问卷调查网站中的每个页面，其头部都有相同的 Logo 图片（见图 3-10～图 3-13）。在网站制作中，我们将这个部分单独写成一个 HTML 类型的文件 top.html。

将 Logo 图片 top.jpg 插入 top.html 页面中，然后在其他的 JSP 文件中，通过之前学习过的 include 指令标记将 top.html 页面包含到其中。

top.html 页面的代码如下。

```html
<html>
<head>
<meta charset="UTF-8">
<title>top</title>
</head>
<body>
<img src="images/top.jpg">
</body>
</html>
```

4. JSP 页面的制作

分别在已经创建的 index.jsp、hobby.jsp 和 result.jsp 页面中添加代码，完成 JSP 页面的制作。

- index.jsp 页面的制作。

问卷调查网站的主页面 index.jsp 的运行效果如图 3-10 所示。在该页面中先通过 page 指令设定页面的相关属性；再通过 include 指令标记将 top.html 页面文件包含其中；然后建立表单，将"姓名"文本框命名为 name，将"性别"单选按钮命名为 sex，其取值分别为 male 和 female，默认值设置为"男"；设置处理表单信息的页面为 hobby.jsp。

index.jsp 页面的代码如下。

```jsp
<%@page contentType="text/html;charset=UTF-8" language="java" %>
<html>
<head>
<title>网上调查步骤之一</title>
<meta http-equiv="description" content="questionaire">
<meta http-equiv="content-type" content="text/html;charset=UTF-8">
</head>
<body>
<%@include file="top.html"%>
```

```
<form name="form1" method="post" action="hobby.jsp">
<p>欢迎参加网上调查</p>
<p>姓名
<input name="name" type="text" id="name" size="16">
</p>
<p>性别
<input name="sex" type="radio" value="male" checked>
    男
<input name="sex" type="radio" value="female">
    女</p>
<p>
<input type="submit" name="Submit" value="下一步">
<input type="reset" name="Submit2" value="重置">
</p>
</form>
</body>
</html>
```

- hobby.jsp 页面的制作。

在 hobby.jsp 页面中，获取 index.jsp 页面传递过来的信息；然后将信息保存在 session 内置对象中；再通过表达式，在 "，你好，请继续完成调查" 信息的前面将受访者的姓名显示出来，如图 3-11 所示。

hobby.jsp 页面的代码如下。

```
<%@page language="java" import="java.util.*" pageEncoding="UTF-8"%>
<%
    String path = request.getContextPath();
    String basePath = request.getScheme()+"://"+request.getServerName()+":"+
request.getServerPort()+path+"/";
%>
<html>
<head>
<base href="<%=basePath%>">
<title>网上调查步骤之二</title>
</head>
<body>
<%
    String name=request.getParameter("name");
    name=new String(name.getBytes("ISO-8859-1"),"UTF-8");
    String sex=request.getParameter("sex");
    if(sex.equals("male"))
        sex="先生";
    else sex="女士";
    session.putValue("namesex",name+sex);
%>
<%@include file="top.html"%>
<p>
<%=name%>
<%=sex%>
，你好，请继续完成调查 </p>
```

```
<p>你的业余爱好有：</p>
<form name="form1" method="post" action="result.jsp">
<p>
<input name="hobby0" type="checkbox" id="film" value="影视欣赏">
        影视欣赏</p>
<p>
<input name="hobby1" type="checkbox" id="book" value="阅读书籍">
        阅读书籍</p>
<p>
<input name="hobby2" type="checkbox" id="sports" value="体育运动">
        体育运动</p>
<p>
<input name="hobby3" type="checkbox" id="travel" value="户外旅游">
        户外旅游</p>
<p>
<input name="hobby4" type="checkbox" id="music" value="流行音乐">
        流行音乐</p>
<p>
<input type="submit" name="Submit" value="下一步">
<input type="reset" name="Reset" value="重置">
</p>
</form>
</body>
</html>
```

- result.jsp 页面的制作。

在 result.jsp 页面中，获取 hobby.jsp 页面传递过来的信息，由于需要对所有受访者的选择结果进行统计，因此需要将信息保存到 application 内置对象中，以实现不同用户之间统计数据的共享；将存在 session 内置对象中的用户姓名及性别信息，显示在"，你的业余爱好如下："信息之前；再利用循环将数组中存储的受访者选择的业余爱好信息显示出来；最后将存储在 application 内置对象中的调查历史统计结果显示出来。

result.jsp 页面的代码如下。

```
<%@page language="java" import="java.util.*" pageEncoding="UTF-8"%>
<%
    String path = request.getContextPath();
    String basePath = request.getScheme()+"://"+request.getServerName()+":"+request.getServerPort()+path+"/";
%>
<html>
<head>
<base href="<%=basePath%>">
<title>网上调查步骤之三</title>
</head>
<body>
<%@include file="top.html"%>
<%
    String namesex=(String) session.getValue("namesex");
```

```
        String hobby[]=new String[5];
        for (int i=0;i<hobby.length;i++){
            String param="hobby"+i;
            String getparam=request.getParameter(param);
            if(getparam!=null){
                hobby[i]=new String(getparam.getBytes("ISO-8859-1"),"UTF-8");
                synchronized (application){
                    Integer count=(Integer) application.getAttribute(param);
                    if(count==null)
                        count=new Integer(0);
                    count=new Integer(count.intValue()+1);
        application.setAttribute(param,count);
                }
            }
        }
%>
<p>
<%=(String) session.getValue("namesex") %>
    ，你的业余爱好如下：</p>
<%
    for (int i=0;i<hobby.length;i++)
        if(hobby[i]!=null){
            out.print("<p>");
            out.println(hobby[i]);
            out.println("</p>");
        }
    String hobbyname[]={"电影欣赏","阅读书籍","体育运动","户外旅游","流行音乐"};
    for (int i=0;i<hobby.length;i++){
        Integer count=(Integer) application.getAttribute("hobby"+i);
        if(count==null)
            count=new Integer(0);
    out.println("<p>选择"+hobbyname[i]+"的人次为"+count+"</p>");
    }
%>
</body>
</html>
```

项目小结

本项目主要介绍了 JSP 内置对象及其作用域，request 内置对象的常用方法和应用，response 内置对象的常用方法和应用，out 内置对象的常用方法和应用，session 内置对象的常用方法和应用，application 内置对象的常用方法和应用等知识。通过对本项目的学习，大家对 JSP 技术中的内置对象有了初步的了解，并能完成主要内置对象的实际应用，为后面的学习打下坚实的基础。

考核与评价

表 3-8 用于记录学习完成人在学习过程中的形成性表现，主要围绕能力素养、知识点掌握和其他表现等情况进行综合性评价。能力考核点从理解学习目标的能力、自主逻辑思维的

能力、吸收知识的能力、编写项目程序的能力、解决问题的能力、总结反思的能力6个维度进行相关的评价。知识考核点从JSP内置对象的认知、request内置对象的应用、response内置对象的应用、out内置对象的应用、session内置对象的应用和application内置对象的应用6个维度进行相关的评价。表现考核点从学习出勤情况、学习态度情况、学习纪律情况3个维度进行相关的评价。综合性评价可以分为优、良、中、合格和不合格5个等级。学习指导者可以根据学习完成人在本项目学习过程中的具体表现，在表3-8中给出相关部分的评语、得分和综合性评价。

表3-8 考核与评价表

项目名称			学习完成人	
学习时间			综合性评价	
能力素养情况评分（40分）				
序号	能力考核点	评语	配分	得分
1	理解学习目标的能力		5	
2	自主逻辑思维的能力		5	
3	吸收知识的能力		5	
4	编写项目程序的能力		10	
5	解决问题的能力		10	
6	总结反思的能力		5	
知识点掌握情况评分（40分）				
序号	知识考核点	评语	配分	得分
1	JSP内置对象的认知		5	
2	request内置对象的应用		10	
3	response内置对象的应用		5	
4	out内置对象的应用		5	
5	session内置对象的应用		10	
6	application内置对象的应用		5	
其他表现情况评分（20分）				
序号	表现考核点	评语	配分	得分
1	学习出勤情况		5	
2	学习态度情况		10	
3	学习纪律情况		5	

课后习题

1．填空题

（1）在JSP的内置对象中实现获取和响应客户端信息的是_____和_____。

（2）在 JSP 的内置对象中用于记录和处理页面之间的共享数据的是_____和_____。

2. 选择题

（1）以下哪个是 request 内置对象的作用域？（　　）
    A. page 作用域　　　　　　　　　B. request 作用域
    C. session 作用域　　　　　　　　D. application 作用域

（2）以下哪个方法是 out 内置对象用于输出数据的？（　　）
    A. clear()　　　B. flush()　　　C. newline()　　　D. print()

3. 简答题

（1）简述 JSP 九大内置对象的基本功能。

（2）试比较 seesion 内置对象、page 内置对象、request 内置对象和 application 内置对象的作用范围。

项目 ④ Java Web 的数据访问

在 Web 开发中,不可避免地要使用数据库来存储和管理数据。为了在 Java 中提供对数据库访问的支持,Sun 公司提供了一套访问数据库的标准 Java 类库,即 JDBC。本项目基于 JDBC 技术,讲解其对数据库的增、删、改、查,以及数据库操作过程中应该注意的一些问题。

学习目标

知识目标
1. 熟悉 MySQL 的安装
2. 熟悉数据库的连接方式

能力目标
1. 掌握 MySQL 的数据库连接方法
2. 掌握使用 JDBC 访问数据库的基本步骤

素养目标
1. 培养具有主观能动性的学习能力
2. 培养具有工匠精神的实践能力

课堂与人生

守序与和谐。

课堂与人生

任务 4.1　Java Web 数据访问技术

Java Web
数据访问技术

数据库是 Web 应用程序的重要组成部分。而在 Java Web 应用程序中,数据库访问是通过 Java 数据库连接(Java Database Connectivity,JDBC)实现的。JDBC 为开发人员提供标准的 API。

4.1.1　数据访问概述

Internet 是目前全球最大的计算机通信网,它遍及全球几乎所有的国家和地区。WWW 系统是一个大型的分布式超媒体信息数据库,它极大地推动了 Internet 的发展,已经成为 Internet 中最流行、最主要的信息服务方式,可以说,整个 Internet 就是一个巨大的数据库。

项目 ④ Java Web 的数据访问

促进 Internet 发展的因素之一就是 Web 技术。由静态网页技术的 HTML 到动态网页技术的 CGI、ASP、PHP、JSP 等，Web 技术经历了一个重要的变革过程。Web 已经不再局限于仅仅由静态网页提供信息服务，而改变为动态网页，并可提供交互式的信息查询服务，使信息数据服务成为了可能。Web 数据库就是将数据库技术与 Web 技术融合在一起，使数据库系统成为 Web 的重要有机组成部分，从而实现数据库与网络技术的无缝结合。这一结合不仅把 Web 与数据库的所有优势集合在了一起，而且充分利用了大量已有数据库的信息资源。Web 数据库由数据库服务器（Database Server）、中间件（Middle Ware）、Web 服务器（Web Server）、Web 浏览器（Browser）4 部分组成。

Web 数据库访问技术通常通过三层结构来实现。建立与 Web 数据库连接访问的技术方法可归纳为 CGI 技术、ODBC 技术和 ASP、JSP、PHP 技术。

1. CGI 技术

公共网关接口（Common Gateway Interface，CGI）是一种 Web 服务器上运行的基于 Web 浏览器输入程序的方法，是最早的访问数据库的解决方案。使用 CGI 程序可以建立网页与数据库之间的连接，将用户的查询要求转换成数据库的查询命令，然后将查询结果通过网页返回给用户。CGI 程序需要通过接口才能访问数据库。接口多种多样，数据库系统对 CGI 程序提供各种数据库接口。为了使用各种数据库系统，CGI 程序支持 ODBC 接口，以便用户通过 ODBC 接口访问数据库。

2. ODBC 技术

开放式数据库互连（Open Database Connectivity，ODBC）是一种使用 SQL 的应用程序接口。ODBC 最显著的优点之一就是它生成的程序与数据库系统无关，为程序员方便地编写访问各种数据库管理系统的应用程序提供了统一接口，使应用程序和数据库之间完成数据交换。ODBC 的内部结构为 4 层：应用程序层、驱动程序管理器层、驱动程序层、数据源层。由于 ODBC 适用于不同的数据库产品，因此许多服务器扩展程序都使用了包含 ODBC 层的系统结构。

Web 服务器通过 ODBC 数据库驱动程序向数据库系统发出 SQL 请求，数据库系统接收标准 SQL 查询语句，并将执行后的查询结果通过 ODBC 数据库驱动程序传回 Web 服务器，Web 服务器将结果以 HTML 网页传给 Web 浏览器。

Java 所显示出来的编程优势使之赢得了众多数据库厂商的支持。在数据库处理方面，Java 提供的 JDBC 为数据库开发应用提供了标准的应用程序接口。与 ODBC 类似，JDBC 也是一种特殊的 API，是用于执行 SQL 语句的 Java 应用程序接口。它规定了 Java 与数据库之间交换数据的方法。采用 Java 和 JDBC 编写的数据库应用程序具有与平台无关的特性。

3. ASP、JSP、PHP 技术

ASP 是 Microsoft 公司开发的动态网页技术。ASP 支持在服务器调用 ActiveX 数据对象（ActiveX Data Objects，ADO）实现对数据库的操作。在具体的应用中，若脚本语言中有访问数据库的请求，可通过 ODBC 与后台数据库相连，并通过 ADO 执行访问数据库的操作。

JSP 是 Sun 公司推出的新一代 Web 开发技术。JSP 使用 JDBC 实现对数据库的访问。目标数据库必须有一个 JDBC 的驱动程序，即一个从数据库到 Java 的接口，该接口提供标准的

方法使Java应用程序能够连接到数据库并执行对数据库的操作。JDBC不需要在服务器上创建数据源，通过JDBC、JSP就可以实现SQL语句的执行。

PHP是拉斯马斯·勒德尔夫（Rasmus Lerdorf）推出的一种跨平台的嵌入式脚本语言。PHP可以通过ODBC访问各种数据库，但主要通过函数直接访问数据库。PHP支持绝大多数的数据库，提供许多与各类数据库（包括Sybase、Oracle、SQL Server等）直接互联的函数，其与SQL Server数据库互联是最佳组合。

4.1.2 JDBC技术概述

JSP页面中可以编写Java代码，可以通过Java代码来访问数据库。在Java技术系列中，访问数据库的技术叫作JDBC，它提供了一系列的API，让使用Java语言编写的代码连接数据库，对数据库的数据进行添加、删除、修改和查询。应用程序使用JDBC访问数据库的方式，如图4-1所示。

不过，这里有一个问题。由于JSP不知道具体连接的是哪一种数据库，而由于厂商不一样，各种数据库连接的方式通常也不一样，因此，为了使应用程序与数据库真正建立连接，JDBC不仅需要提供访问数据库的API，还需要封装与各种数据库服务器通信的细节。

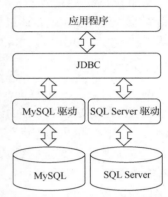

图4-1 应用程序使用JDBC访问数据库的方式

数据库开发人员使用JDBC API编写一个程序后，就可以很方便地将SQL语句传送给几乎任何一种数据库，如Sybase、Oracle或Microsoft的SQL Server等。用JDBC编写的程序能够自动地将SQL语句传送给相应的数据库管理系统。Java和JDBC结合可以让数据库开发人员在开发数据库应用时真正实现"一次编写，到处运行"。

JDBC API既支持数据库访问的二层模型，也支持三层模型。

1. 二层C/S结构

二层C/S（Client/Server，客户端/服务器）结构是当前非常流行的数据库系统结构。在这种结构中，客户端提出请求，服务器对客户端的服务请求做出回答。它把界面和数据处理操作分开在前端（客户端）和后端（服务器），这个主要特点使得C/S结构系统的工作速度主要取决于进行大量数据操作的服务器，而不是前端的硬件设备；同时大大降低了对网络传输速度的要求，因为只需客户端把服务请求发送给数据库服务器，数据库服务器把服务结果传回客户端。

在设计数据库系统结构时，对数据可能有如下不同的处理方式。

（1）在处理时，客户端先向服务器索取数据，然后释放数据库，即客户端发出的是文件请求，在客户端处理数据，最后将结果送回服务器。这种处理方式的缺点很明显：所有的应用处理都在客户端完成，这就要求客户端的计算机必须有足够的能力，以便执行需要的任何程序。更为糟糕的是，由于所有的处理均在客户端完成，因此每次运行时都要将文件整体传送到客户端，然后才能执行。如Student表中有30 000条记录，客户端发出如下请求命令：

```
Select * From Student Where Sno='200101'
```

这条命令要求服务器将 Student 表中的所有记录传送到客户端，然后在客户端执行查询操作，结果只用到一条记录；如果查询的记录不存在，网络传输的数据实际上是无用的。如此大的数据传输量是不可想象的。因此，人们提出了在服务器中能够执行部分代码的 C/S 结构。

（2）在处理时，客户端接收用户请求，并发给服务器；在服务器处理用户请求，最后将结果传回客户端显示或输出。采用这种处理方式的网络通信量较小。客户端向服务器发出的是处理请求，而不是文件请求，处理请求中的代码在服务器执行后向客户端传送处理后的结果。

这样，为了特定任务，客户端上的程序和服务器上的程序协同工作。客户端的代码用于完成用户的输入、输出及数据的检查，而服务器的代码完成对数据库的操作。

C/S 结构的另一个主要特点是其与软件、硬件平台的无关性。数据库服务器上的数据库管理系统集中负责管理数据，它向客户端提供一个开放的使用环境，客户端通过数据库接口，如 ODBC 和 SQL 访问数据库，也就是说，不管客户端采用什么样的硬件和软件，它只要能够通过网络和数据库接口程序连接到服务器，就可对数据库进行访问。

上面讲的 C/S 结构将应用分在客户端、服务器两级，故称其为二层 C/S 结构。总之，二层 C/S 结构的基本工作方式是客户程序向数据库服务器发送 SQL 请求，服务器返回数据或结果。

在二层 C/S 结构中，Java Applet 或应用程序将直接与数据库进行对话。在这种情况下，需要一个 JDBC 驱动程序来与所访问的特定数据库管理系统进行通信。用户的 SQL 请求被送往数据库中，而处理的结果将被送回给用户。存放数据的数据库可以位于另一台物理计算机上，用户通过网络连接到数据库服务器，这就是典型的 C/S 结构，其中用户的计算机为客户端，提供数据库的计算机为服务器。网络可以是公司内部的 Intranet，也可以是 Internet。二层 C/S 结构如图 4-2 所示。

2. 三层 C/S 结构

由于二层 C/S 结构系统本身固有的缺陷，它不能应用于一些大型的、结构较为复杂的系统中，故出现了三层 C/S 结构系统，将二层结构中服务器部分和客户端部分的应用单独划分出来，即采用"客户端-应用服务器-数据库服务器"结构，如图 4-3 所示。典型的数据库应用可分为 3 个部分——表示部分、应用逻辑（商业逻辑）部分和数据访问部分，三层 C/S 结构便是对应于这 3 个部分。

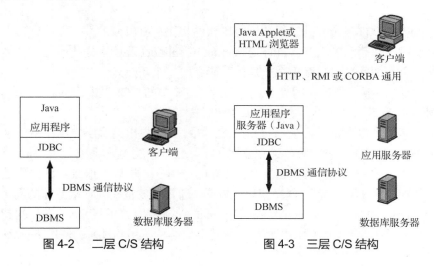

图 4-2　二层 C/S 结构　　　　图 4-3　三层 C/S 结构

应用服务器和数据库服务器可位于同一主机，也可位于不同主机。客户端应用用户接口部分，负责用户与应用程序的交互，运行在客户端的软件也称为表示层软件。应用服务器存放业务逻辑层（也称为功能层）软件，是应用逻辑处理的核心，实现具体业务。它能响应客户端请求，完成业务处理或复杂计算。若有数据库访问任务，应用服务器可根据客户端的请求向数据库服务器发送 SQL 指令。应用逻辑变得复杂或增加新的应用时，可增加新的应用服务器。数据库服务器用来执行功能层送来的 SQL 指令，完成数据的存储、访问和完整性约束等，操作完成后再通过应用服务器向客户端返回操作结果。

3. B/S 结构

随着 Internet 技术和 Web 技术的广泛应用，C/S 结构已无法满足人们的需求。因为在典型 C/S 结构中，通常为客户安装前端应用程序的做法已不再现实，并且限制客户端工作环境只能基于 Windows、macOS 或 UNIX 等操作系统也不切实际。于是基于浏览器/服务器（Browser/Server，B/S）结构的系统应运而生。

采用 B/S 结构后，在客户端只需安装一个通用的浏览器即可，不再受具体操作系统和硬件的制约，实现了跨平台的应用。

基于 B/S 结构的典型应用通常采用三层结构——"浏览器-Web 服务器-数据库服务器"。B/S 结构的工作原理是：通过浏览器以超文本的形式向 Web 服务器提出访问数据库的请求，Web 服务器接收用户请求后，激活对应的 CGI 程序将 HTML 转化为 SQL 结构，将这个请求交给数据库，数据库服务器得到请求后，进行数据处理，然后将处理结果返回给 CGI 程序。CGI 程序再将结果转化为 HTML，并由 Web 服务器转发给请求方的浏览器。

在 B/S 结构中，客户端的标准配置是浏览器，如 IE；业务功能由独立的应用服务器处理，Web 服务器成为应用处理的标准配置；数据仍然由数据库服务器处理。

从本质上讲，B/S 结构与传统的 C/S 结构都是以同一种请求和应答方式来执行应用的，区别主要在于：C/S 结构是一种二层或三层的结构模式，其客户端集成大量应用软件；而 B/S 结构是一种基于超链接（HyperLink）、HTML、Java 的三级或多级 C/S 结构，客户端仅需单一的浏览器软件，是一种全新的体系结构，解决了跨平台问题。这两种结构在不同方面都有着广泛的应用。虽然 C/S 结构在 Internet 环境下明显不如 B/S 结构具有优势，但它在局域网环境下仍具有优势。

多层结构应用软件与传统的二层结构应用软件相比，有可伸缩性好、可管理性强、安全性高、软件重用性好等诸多优点，如何在 Internet 或 Intranet 环境下构建应用软件体系结构就成为一个非常重要的问题，也是现今软件体系研究的一个新热点。

各种技术层出不穷，如最初的静态页面 HTML、简单的 CGI 程序、Java Applet 程序、ASP 等 Web 技术，还有动态的 Java 在线游戏及 PHP 技术等。

实际上，多层的概念是 Sun 公司提出来的。Sun 公司提出的多层应用体系包括 4 层：客户层、顶端 Web 服务层、应用服务层和数据库层。其中顶端 Web 服务层是 Sun 公司多层体系结构中非常重要的一层，它主要起代理和缓存的作用。顶端 Web 服务器的作用是缓存本地各客户端经常使用的 Java Applet 程序和静态数据，通常被放置在客户端所在的局域网内，起到一个 Java Applet 主机（向 Web 浏览器传送 Java Applet 程序的计算机）和访问其他服务的代理作用，与普通代理服务器的作用相同。构建多层结构应用软件时，使用 Java 平台是一个很好的选择，因为它跨越各应用平台。总之，在 Java 平台上构建多层应用软件体系代表着今后 Internet/Intranet 应用的趋势。

　　JDBC 是一种用于执行 SQL 语句的 Java 语言 API，可以为多种关系数据库提供统一的访问接口。JDBC 由一组用 Java 语言编写的类与接口组成，通过调用这些类和接口所提供的方法，用户能够以一致的方式连接多种不同的数据库系统，如 Access、SQL Server、Oracle、MySQL 等，进而使用标准的 SQL 来存取数据库中的数据，而不必再为每一种数据库系统编写不同的 Java 程序。

　　Java 语言是编写数据库应用程序的杰出语言之一。JDBC 提供了 Java 应用程序与各种不同数据库进行对话的接口，因此，JDBC 扩展了 Java 语言的功能。例如，可以使用 Java Web 应用程序和 JDBC API 发布动态网页，而该 JDBC 通过局域网将企业员工使用的计算机连接到一个或多个企业内部的数据库服务器上，并且这些数据库服务器使用的操作系统与这些员工所使用计算机的操作系统的类型是无关的。

　　JDBC 是一种底层的 API，在访问数据库时需要在 Java 程序直接嵌入 SQL 语句。由于 SQL 语句是面向关系的，依赖于关系模型，所以 JDBC 具有简单直接的优点，特别是对于小型应用程序十分方便。需要注意的是，JDBC 不能直接访问数据库，必须依赖数据库厂商提供的 JDBC 驱动程序。通常情况下使用 JDBC 完成以下操作。

（1）建立数据库连接。

（2）向数据库发送 SQL 语句。

（3）处理数据库返回的结果。

JDBC 提供如下 4 种驱动程序。

（1）JDBC-ODBC Bridge：此驱动程序为 Java 应用程序提供一种把 JDBC 调用映射为 ODBC 调用的方法，因此需要在客户端安装一个 ODBC 驱动。这种驱动程序通常只运行在 Windows 系统，因此不推荐，但它可以提高开发人员进行企业开发的效率。

（2）JDBC-Native Bridge：此驱动程序提供一个建立在本地数据库驱动上的 JDBC 接口。使用它会失去 JDBC 平台无关性的好处，并且需要安装客户端的本地程序。现在大多数数据库厂商都在数据库产品中提供该驱动程序，此驱动程序的性能比 JDBC-ODBC Bridge 驱动程序的好。

（3）JDBC Network Bridge：使用此驱动程序不再需要客户端数据库驱动程序，它使用网络上的中间服务器来存取数据。这种应用使得负载均衡、连接缓冲池和数据缓存等技术的实现有了可能。由于它往往只需要相对更少的下载时间，具有平台独立性，而且不需要在客户端安装并取得控制权，所以很适合 Internet 上的应用。

（4）Pure Java JDBC Driver：此驱动程序运行在客户端，并且可直接访问数据库，因此运行它要使用一个二层的体系。要在一个 n 层的体系中使用该类型的驱动，可以通过一个包含数据访问代码的 EJB 来实现，并且让该 EJB 为它的客户端提供一个与数据库无关的服务。它为 Java 应用程序提供了一种进行 JDBC 调用的机制。

任务 4.2　MySQL 数据库简介

　　MySQL 是当今最流行的关系数据库管理系统之一，在 Web 应用方面

MySQL 是最好的关系数据库管理系统应用软件之一，目前属于 Oracle 公司。关系数据库将数据保存在不同的表中，而不是将所有数据放在一个大仓库内，这样就提高了数据处理的速度和灵活性。MySQL 也是一个真正的多用户、多线程 SQL 数据库服务器。SQL（结构化查询语言）是世界上最普及且标准化的数据库语言之一，它使得存储、更新和获取信息更加容易。

4.2.1 MySQL 数据库的安装

MySQL 是开源项目，在很多网站上都可免费下载。这里我们在 MySQL 官网上下载。

1．MySQL 的安装

（1）进入 MySQL 官网，单击导航栏选项 "DOWNLOADS"。在下载页面中，单击最下面的选项 "MySQL Community（GPL）Downloads"，如图 4-4 所示。在安装类型选项页面中，选择要安装的 Windows 版本的 MySQL，如图 4-5 所示。

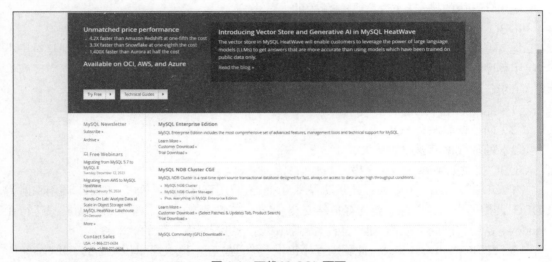

图 4-4　下载 MySQL 页面

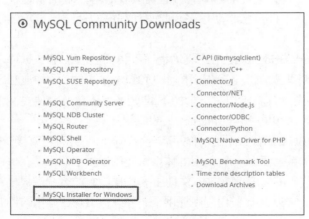

图 4-5　选择安装的版本

（2）选择并下载 MySQL 安装包，如图 4-6 所示。将压缩包解压到某个路径，比如 C:\MySQL。双击 C:\MySQL 下的 setup.exe 开始安装。

项目 ❹ Java Web 的数据访问

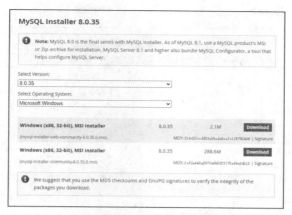

图 4-6 选择并下载 MySQL 安装包

（3）运行安装软件，勾选同意相关描述的复选框，在该界面上单击"Next"按钮，如图 4-7 所示。

（4）选择安装类型。第一个选项包含一些 MySQL 其他组件，如果只安装 MySQL 数据库，选择第二项 Server only 就行。这一步和 MySQL 5.x 的有很大的区别，这里不多解释，直接选择默认安装，如图 4-8 所示。大家也可以选择"Custom"（自定义），以便把 MySQL 安装到非系统盘。

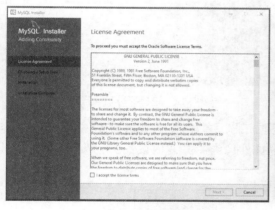

图 4-7 运行安装软件

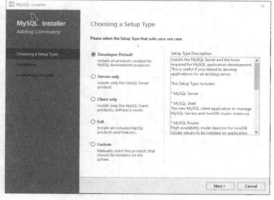

图 4-8 选择安装类型

（5）检查必需项（Check Requirements）。单击下面的"Execute"按钮，如图 4-9 所示。如果有弹窗，说明该软件没有安装要求的版本或者额外组件，如果已经安装了，则前面会多一个绿色的钩，说明可以使用，如图 4-10 所示。如果没有达到要求，需要手动安装额外组件；如果有些产品不需要用，直接单击"Next"按钮即可，这时会弹出一个窗口，忽略它，直接单击"Yes"按钮就可以了。

（6）有 3 个使用类型：开发者、服务器、网络专用服务器。根据个人需求选择，如果是个人，一般选择开发者就可以了。MySQL 的默认端口都是 3306，如图 4-11 所示。

（7）选择身份验证方式，如图 4-12 所示。在安装过程中有一点需要注意的是，第一个选项是使用 8.0 版本才有的密码加密方式，第二个选项沿用 5.x 版本的密码加密方式。

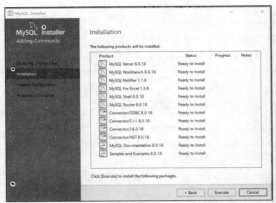

图 4-9　检查必需项　　　　　　　　　　　图 4-10　安装完成必需项

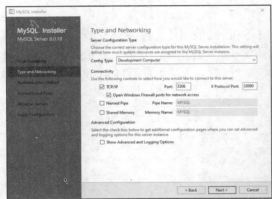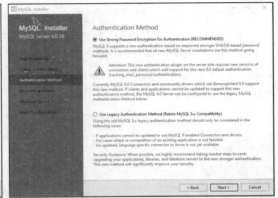

图 4-11　选择开发者模式　　　　　　　　　图 4-12　选择身份验证方式

（8）如图 4-13 所示，上面是设置最高权限的密码，这个密码很重要，务必设置一个不容易被破解的密码。下面是用户设置，这个在以后添加、删除用户时设置也可以，安装时可以忽略。

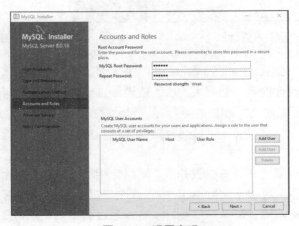

图 4-13　设置密码

（9）接下来是选择 Windows 系统服务和扩展插件，如果对 MySQL 服务器名称没有要求，单击"Next"按钮即可，如图 4-14 所示。安装完成，如图 4-15 所示。

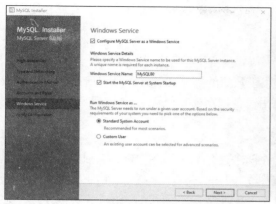

图 4-14　选择 Windows 系统服务和扩展插件

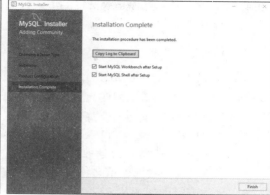

图 4-15　安装完成

2. 安装成功验证

（1）打开命令提示符窗口，运行命令"mysql -V"（"V"为大写字母）查看 MySQL 的版本，并输入"net start mysql80"命令启动 MySQL 服务，如图 4-16 所示。

（2）进入 MySQL 之后，输入"mysql -u root -p"命令，然后输入 MySQL 的密码，出现图 4-17 所示信息就表示 MySQL 安装成功了。

图 4-16　查看 MySQL 版本　　　　　　　　图 4-17　验证是否安装成功

（3）还可以使用 MySQL 的可视化工具进行验证，如图 4-18 所示，当成功登录后，就成功验证并可以正常使用 MySQL 了。

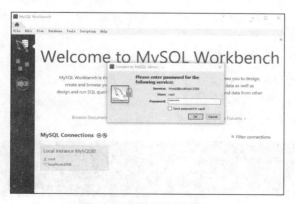

图 4-18　登录可视化窗口

4.2.2 建库和建表

数据库是数据对象的容器，它不仅可以存储数据，而且可以使数据存储和检索以安全可靠的方式进行，并以操作系统文件的形式存储在磁盘上。数据库对象是存储、管理和使用数据的不同结构形式。

1. 创建数据库

创建数据库是在系统盘上划分一部分区域用于数据的存储和管理，如果管理员在设置权限的时候为用户创建了数据库，就可以直接使用，否则需要自己创建数据库。MySQL 中创建数据库的基本 SQL 语法格式如下。

```
CREATE DATABASE database_name;
```

"database_name"为要创建数据库的名称，在创建数据库时，数据库命名有以下几项规则。

- 不能与其他数据库重名，否则将发生错误。
- 名称可以由任意英文字母、阿拉伯数字、下划线"_"和"$"组成，可以使用上述的任意字符开头，但不能使用单独的数字开头，否则会造成它与数值混淆。
- 名称最长可为 64 个字符，而别名最多可长达 256 个字符。
- 不能使用 MySQL 关键字作为数据库名、表名。
- 在默认情况下，Windows 环境中数据库名、表名的大小写是不敏感的，而 Linux 环境中数据库名、表名的大小写是敏感的。如果为了便于数据库在平台间进行移植，可以采用小写形式来定义数据库名和表名。

打开 MySQL 自带的工具 MySQL Command Line Client，连接 MySQL 数据库服务器，然后输入以下 SQL 代码。

```
CREATE DATABASE STUDB;
```

创建数据库执行结果如图 4-19 所示。

图 4-19 创建数据库执行结果

创建数据库成功之后，就可以通过执行相关的语句查看数据库的信息。执行与 SHOW 有关的语句不仅可以查看数据库系统中的数据库，还可以查看单个数据库的相关信息。

其中，通过执行 SHOW CREATE DATABASE 语句可以查看数据库系统中已经存在的所有数据库。

```
SHOW CREATE DATABASE 数据库名称;
```

为了使查询的信息显示更加直观，可以使用以下语句。

```
SHOW CREATE DATABASE 数据库名称 \G
```

查看当前所有存在的数据库结果如图 4-20 所示。

图 4-20 查看当前所有存在的数据库结果

以上执行结果显示了数据库 STUDB 的创建信息,例如编码方式为"utf8"。

2. 建立数据表

表是数据库中用户存储所有数据的对象,是关系模型中表示实体的方式,是组成数据库的基本元素。可以说没有表,也就没有数据库。在一个关系数据库中,可以包含多个表,所有数据存储在表中。

在数据表中,数据以行和列的形式存储在规范化的二维表格中。表类似于电子表格软件的工作表,但更规范。MySQL 中的每个表都有一个名字,以标识该表。

表 4-1 所示为 student 表(即学生表)。下面说明一些与表有关的名词。

表 4-1 student 表

stu_no	stu_name	stu_sex	stu_birthday	stu_speciality
201803010001	靳锦东	男	1997-09-27	数字艺术
201901010001	张晓辉	男	2000-11-15	软件技术
201901010002	李红丽	女	2001-03-07	软件技术
201901010003	孙云	男	2000-08-12	软件技术
201901020001	赵辉	男	1999-11-09	信息应用
201902010001	王强	男	1999-05-18	网络技术
201902020001	李立	男	1999-07-13	网络安全
201903020001	王丽莉	女	2000-09-12	视觉传达
201903020002	刘梅梅	女	1999-04-28	视觉传达
202203010001	张三	男	2002-09-09	软件技术
202203010002	赵博	男	2002-11-01	软件技术
202203010003	王松	男	2002-11-02	视频传达
202203010004	张蕾	女	2002-11-03	信息安全
202203010005	王哲	男	2002-11-04	机械制造
202203010002	赵博	男	2002-11-01	软件技术

- 表结构:每个数据库包含若干个表,每个表具有一定的结构,称为"表型",即组成表的名称及数据类型,也就是寻常表格的"栏目信息"。
- 表:由定义的列数和可变的行数组成的逻辑结构。
- 列:用来保存对象的某一类属性。每列又称为一个字段,每列的标题称为字段名。
- 行:用来保存一条记录,是数据对象的一个实例,包括若干信息项。
- 记录:每个表包含若干行数据,它们是表的"值",表中的一行称为一条记录,每一行都是实体的一个完整描述。实体可以是人也可以是物,甚至可以是一个概念。因此,表是记录的有限集合。
- 字段:每条记录由若干个数据项构成,将构成记录的每个数据项称为字段。
- 关键字:在 student 表中,若不加以限制,每条记录的姓名、性别、出生年月日、所在系部和邮政编码这 5 个字段的值都有可能相同,但是学号字段的值对表中所有记录来说一定不同,学号是关键字,也就是说通过学号字段可以将表中的不同记录区分开来。

student 表保存学校所有学生的信息,包括学生学号、姓名和身份证号等,其信息说明如表 4-2 所示。

表 4-2 student 表的信息说明

列名	数据类型	长度	是否为空	说明
stu_no	char	12	非空	学号(主键)
stu_name	char	20	非空	姓名
stu_sex	char	2	非空	性别
stu_politicalstatus	varchar	20		政治面貌
stu_birthday	date		非空	出生年月日
stu_identitycard	varchar	18	非空	身份证号
stu_speciality	varchar	40	非空	所在系部
stu_address	varchar	50		家庭住址
stu_postcode	char	6		邮政编码
stu_telephone	varchar	18	非空	联系电话
stu_email	varchar	30	非空	电子邮箱
stu_resume	text			个人简介
stu_poor	tinyint	1	非空	是否为贫困生
stu_enterscore	float			入学成绩
stu_fee	int	11	非空	学费

数据表属于数据库,在创建数据表之前,应该使用"USE <数据库名>"语句指定操作是在哪个数据库中进行,如果没有选择数据库,就会抛出"No database selected"的错误。

创建数据表的语句为 CREATE TABLE,语法规则如下。

```
CREATE [TEMPORARY] TABLE [IF NOT EXISTS] <表名>
(
字段名1,数据类型[列级别约束条件][默认值],
字段名2,数据类型[列级别约束条件][默认值],
..........
[表级别约束条件]
)ENGINE="存储引擎";
```

说明如下。

- TEMPORARY:该关键字表示用 CREATE 命令新建的表为临时表。
- IF NOT EXISTS:在创建表中加上一个判断,只有该表目前尚不存在时才执行 CREATE TABLE 操作。用此选项避免出现表已经存在而无法再新建的错误。
- 表名:创建的表名。表名必须符合标识符规则,如果有 MySQL 保留字,必须用单引号引起来。

- 字段名：表中列的名字。字段名必须符合标识符规则，长度不能超过 64 个字符，而且在表中要唯一。如果有 MySQL 保留字，必须用单引号引起来。
- 数据类型：列的数据类型，有的数据类型需要指明长度，并用括号括起。
- 列级别约束条件：指定一些约束条件，来限制该列能够存储的数据。关系数据库中主要存在 5 种约束：非空、唯一、主键、外键、检查。除了以上 5 种标准的约束，MySQL 中还扩展了一些约束，比较常用的有默认值和标识列。
- 表级别约束条件：可以应用于一列上，也可以应用在一个表中的多列上。如果创建的约束涉及该表的多个属性列，则必须创建表级别约束；否则，既可以定义在列级别上，也可以定义在表级别上，此时只是 SQL 语句格式不同而已。
- ENGINE ="存储引擎"：MySQL 支持数个存储引擎作为对不同表的类型的处理器，如 ENGINE=InnoDB。

```
USE STUDB;
CREATE TABLE 'student' (
  'stu_no' char(12) NOT NULL,
  'stu_name' char(20) NOT NULL,
  'stu_sex' char(2) NOT NULL,
  'stu_politicalstatus' varchar(20) DEFAULT NULL,
  'stu_birthday' date NOT NULL,
  'stu_identitycard' varchar(18) NOT NULL,
  'stu_speciality' varchar(40) NOT NULL,
  'stu_address' varchar(50) DEFAULT NULL,
  'stu_postcode' char(6) DEFAULT NULL,
  'stu_telephone' varchar(18) NOT NULL,
  'stu_email' varchar(30) NOT NULL,
  'stu_resume' text,
  'stu_poor' tinyint(1) NOT NULL,
  'stu_enterscore' float NOT NULL,
  'stu_fee' int(11) NOT NULL,
  PRIMARY KEY ('stu_no')
) ENGINE=InnoDB DEFAULT CHARSET=utf8;
```

在上面的例子里，每个字段都包含附加约束或修饰符，这些可以用来增加对所输入数据的约束。"PRIMARY KEY"表示将"stu_no"字段定义为主键。"NOT NULL"表示字段必须录入值。"ENGINE=InnoDB"表示采用的存储引擎是 InnoDB，InnoDB 是 MySQL 在 Windows 平台默认的存储引擎，所以"ENGINE=InnoDB"可以省略。

表创建完成后，为确保表的定义正确，可以查看表结构的定义。可以采用两种方式来查看，一种是通过工具软件的图形化界面查看；另一种是通过 MySQL Command Line Client 方式使用 DESCRIBE 和 SHOW CREATE TABLE 语句查看。

DESCRIBE/DESC 语句可以查表的字段信息，包括字段名、字段数据类型、是否为主键、是否有默认值等，其语法规则如下。

```
{DESCRIBE/DESC} 表名 [列名|通配符]
```

- DESC 是 DESCRIBE 的简写，二者用法相同。
- 列名|通配符，可以是一个列名称，或一个包含"%"和"_"的通配符的字符串，用于获得对于带有与字符串相匹配的名称的各列的输出。没有必要在引号中包含字符串，除非

其中包含空格或其他特殊字符。

通过 DESCRIBE 命令查看 student 表的基本结构，DESCRIBE 命令的执行结果如图 4-21 所示。

图 4-21　DESCRIBE 命令的执行结果

其中各列的含义分别为："Field 列"表示定义的字段名称；"Type 列"表示字段类型及长度；"Null 列"表示字段是否可以为空值；"Key 列"表示字段是否为主键；"Default 列"表示该字段是否有默认值；"Extra 列"表示某字段的附加信息。

使用 SHOW CREATE TABLE 语句可以查看创建表时的定义语句，还可以查看表的存储引擎和字符编码，在表名之后加上"\G"，可以使所显示的信息更加简洁，其语法规则如下。

```
SHOW CREATE TABLE 表名 \G;
```

通过 SHOW CREATE TABLE 命令查看 student 表的详细信息，SHOW CREATE TABLE 命令的执行结果如图 4-22 所示。

图 4-22　SHOW CREATE TABLE 命令的执行结果

通过以上两个查看命令的应用可见，它们的侧重点是不一样的，如果要查询表的基本结构，用 DESCRIBE 命令；如果要查看表创建时使用的语句以及存储引擎和字符编码，用 SHOW CREATE TABLE 命令。

4.2.3 SQL 简介

1. SQL 的基本概念

SQL 指结构化查询语言，全称是 Structured Query Language。使用 SQL 可以访问和处理关系数据库，它是用于访问和处理数据库的标准的计算机语言。

使用 SQL 既可以查询数据库中的数据，也可以添加、更新和删除数据库中的数据，还可以对数据库进行管理和维护操作。不同的数据库通常都支持 SQL，这样，我们通过学习 SQL，就可以操作各种不同的数据库。

2. SQL 的分类

SQL 定义了以下 4 种操作数据库的能力。

（1）DDL（Data Definition Language，数据定义语言）：DDL 是用来操作数据库和表的，也就是创建、删除数据库和表以及修改表结构。通常，DDL 由数据库管理员使用。

默认情况下，只有 sysadmin、dbcreator、db_owner 或 db_ddladmin 预定义角色（role）的成员才能使用 DDL 语句，一般不推荐其他角色的用户使用 DDL 语句。如果不同的用户在数据库中创建了自己的对象，那么每个对象的所有者都需要给予其他用户使用这些对象的权限，这将给管理工作带来沉重的负担，所以应当尽量避免发生这种情况。通过限制用户使用语句的权限，能够避免对象所有权带来的问题。

下面的脚本是在数据库 STUDB 中创建一个叫 teacher 的表，表中包含 tea_no、tea_name、tea_profession 等字段。

```
CREATE TABLE `teacher` (
  `tea_no` char(12) NOT NULL,
  `tea_name` char(20) NOT NULL,
  `tea_profession` varchar(10) NOT NULL,
  `tea_department` char(12) NOT NULL,
  `tea_worktime` datetime NOT NULL,
  `tea_appointment` varchar(50) NOT NULL,
  `tea_research` varchar(80) NOT NULL,
  PRIMARY KEY (`tea_no`)
) ENGINE=InnoDB DEFAULT CHARSET=utf8;
```

（2）DQL（Data Query Language，数据查询语言）：DQL 用来查询表中的数据，为用户提供查询数据的能力，这也是使用最频繁的数据库日常操作。

SELECT 语句是最重要的查询语句之一，SELECT 语句可能返回一行记录，也可能返回一个结果集。SELECT 语句可以包含多个子句，从而构成复杂的查询语句。常用的基本子句有以下几个。

① SELECT 子句。

SELECT 子句与其他子句（至少包含 FROM 子句）组成一个查询语句，用于筛选需要输出的列或者表达式，最多可以返回 4096 列，列名（或表达式）之间用逗号分隔。

- 返回指定的列。

例如，从 student 表中仅返回 stu_no、stu_name 列的结果，代码如下。

```
SELECT stu_no, stu_name FROM student
```

- 使用通配符，返回所有的列。

例如，从 student 表中返回所有的列，代码如下。

```
SELECT * FROM student
```

- 使用别名。

返回的列可以使用别名，代码如下。

```
SELECT stu_no AS 学号,stu_name AS 学生姓名 FROM student
```

- 参数。

可以选用以下 3 个参数来过滤返回的记录行。

ALL 用于指定在结果集中返回所有行，因此可以包含重复行。

DISTINCT 用于指定在结果集中删除重复的数据，对于重复的记录行，返回的结果只能包含唯一行。注意：由于 NULL 不能进行相互比较，所以对 DISTINCT 来说，NULL 是相等的。ALL 和 DISTINCT 只能任选其一，ALL 是默认值。

TOP 用于指定从查询结果集返回指定数目的行，示例如下。

```
SELECT TOP 10 FROM student
```

② FROM 子句。

FROM 子句用于指定 SELECT 语句中使用的表源。

- 表源。

表源可以是一个或多个表、视图、表变量、派生表、链接表等，一个 SELECT 语句中最多可以使用 256 个表源。如果引用了太多的表源，查询性能会受到影响。

表源在 FROM 子句中的顺序不影响返回的结果集。

- 别名。

如果多次引用同一个表源，此时将出现重复的名称，MySQL 会报错。例如，FROM 子句中出现两个相同的表名 student，这时候就需要使用相关别名来区分它们。此时，可以为表源使用别名，示例如下。

```
SELECT * FROM student, student AS stu
```

③ WHERE 子句。

WHERE 子句用于指定行的搜索条件，从而限制 SELECT 语句返回的行数。搜索条件可以是 AND、OR 和 NOT 的一个或多个谓词的组合，可以使用括号来指定其组合的顺序，示例如下。

```
SELECT * FROM student WHERE (stu_sex= '男'OR stu_politicalstatus ='预备党员') AND stu_speciality='软件技术'
```

其中：AND 用于组合两个条件，并在两个条件都为 TRUE 时取值为 TRUE；OR 用于组合两个条件，并在任何一个条件为 TRUE 时取值为 TRUE；NOT 对谓词指定的布尔表达式求反；谓词是指返回 TRUE、FALSE 或 UNKNOWN 的表达式。

④ GROUP BY 子句。

GROUP BY 子句用于将一个或多个列（或表达式）按照某一组选定行进行组合，然后针对每一组返回一行，示例如下。

```
SELECT stu_no,stu_name,stu_sex,stu_politicalstatus FROM student GROUP BY stu_politicalstatus
```

⑤ HAVING 子句。

HAVING 子句用于指定组或聚合的搜索条件,它只能与 SELECT 语句一起使用,示例如下。

```
SELECT stu_sex,stu_politicalstatus,stu_speciality,COUNT(*) AS 人数 from student
GROUP BY stu_speciality,stu_politicalstatus
HAVING COUNT(*)>1
```

从上例中可以看出,GROUP BY 子句对数据进行分组,最后 HAVING 子句再次对分组后的结果进行筛选(筛选条件为:COUNT(*)>1,即分组后的结果中行数大于 1 的组)。

由于 HAVING 子句是在行分组后被处理,所以可以在 HAVING 子句的表达式中使用聚合函数等。

HAVING 通常在 GROUP BY 子句中使用,在 HAVING 子句中不能使用 text、image 和 ntext 数据类型。

执行任何分组操作之前,不满足 WHERE 子句中条件的行将被删除。执行分组之后,不满足 HAVING 子句中条件的行将被删除。如果组合列包含 NULL 值,则所有的 NULL 值都将被视为相等,并会置入一个组中。

⑥ ORDER BY 子句。

ORDER BY 子句用于指定在 SELECT 语句返回的列中所使用的排序顺序。在处理 SELECT 语句时,ORDER BY 子句是被最后处理的子句,因此可以在 ORDER BY 子句中引用 SELECT 子句中的列别名。

ORDER BY 有两组参数,ASC 参数指定按升序,从最低值到最高值对指定列中的值进行排序;DESC 参数指定按降序,从最高值到最低值对指定列中的值进行排序,示例如下。

```
SELECT * from student    ORDER BY stu_birthday DESC
```

对于每一个列的排序,ASC 与 DESC 两者只能任选其一。ASC 是默认值。空值(NULL)被视为最低的可能值。

ORDER BY 子句中的列数没有限制,但是排序操作所需的中间工作表的行大小被限制为 8060 个字节,这限制了在 ORDER BY 子句中指定的列的总大小。

(3)DML(Data Manipulation Language,数据操纵语言):DML 是用来增、删、改表中的数据的,为用户提供添加、删除、更新数据的能力,这些是应用程序对数据库的日常操作。

① 添加数据记录。

MySQL 使用 INSERT 语句向数据表中插入新的数据记录。该 SQL 语句有以下 4 种用法。

- 插入完整的数据记录。
- 插入数据记录的一部分。
- 插入多条数据记录。
- 插入另一张表的查询结果。

可以通过 INSERT 语句向表中插入一行或多行全新的记录,语法格式如下。

```
INSERT [INTO]表名[(列名1,列名2,...)]
VALUES({表达式|DEFAULT},... ),(...),...
```

说明如下。

- 表名:用于存储数据的数据表的名称。
- 列名:需要插入数据的列名,如果要给所有列都插入数据,列名可以省略;如果只给表的部分列插入数据，需要指定这些列。

- VALUES 子句：包含各列需要插入的数据清单，数据的顺序要与列的顺序相对应。若表名后不给出列名，则在 VALUES 子句中要给表中的每一列赋值。如果列值为空值，则其值必须置为 NULL，否则会出错。

下面这条 SQL 语句表示向 STUDB 数据库中的 student 表中插入一行数据。

```
INSERT INTO student(stu_no,stu_name,stu_sex,stu_politicalstatus,stu_birthday,
stu_identitycard,stu_speciality,stu_address,stu_postcode,stu_telephone,
stu_email,stu_resume,stu_poor,stu_enterscore,stu_fee) VALUES ('201803010001',
'靳锦东','男','预备党员','1997-09-27','1301001997709273457','数字艺术','河北省
石家庄','050000','15638763904','8764567890@qq.com','本人酷爱数字媒体艺术设计。',
'0','425','7800')
```

如果要向表中所有字段插入数据，可以省略字段列，写成如下格式。

```
INSERT INTO  student VALUES ('201803010001','靳锦东','男','预备党员','1997-09-
27','1301001997709273457','数字艺术','河北省石家庄','050000','15638763904',
'8764567890@qq.com','本人酷爱数字媒体艺术设计。','0','425','7800')
```

INSERT 语句可以同时向数据表中插入多条记录，插入时指定多个值列表，每个值列表之间用逗号分隔开，示例如下。

```
INSERT INTO  student VALUES ('201803010001','靳锦东','男','预备党员','1997-09-
27','1301001997709273457','数字艺术','河北省石家庄','050000','15638763904',
'8764567890@qq.com','本人酷爱数字媒体艺术设计。','0','425','7800'),
('201901010001','张晓辉','男','共青团员','2000-11-15','120101200011156679',
'软件技术','天津市和平区','300041','15645653478','zhangxiaohui@126.com',
'张晓辉同学毕业于天津育才中学，现在就读于天津电子信息职业技术学院。','0','398','5600')
```

② 修改数据记录。

表中有了数据之后，接下来就可以对数据进行更新和修改，MySQL 中使用 UPDATE 语句修改表中的数据。

修改数据可以只修改单条记录，也可以修改多条记录甚至全部记录。UPDATE 语句的语法格式如下。

```
UPDATE 表名 SET 列名1=表达式1, [列名2=表达式2,...][WHERE 条件];
```

- SET 子句，根据 WHERE 子句中指定的条件对符合条件的数据行进行修改。若语句中不设定 WHERE 子句，则修改所有行。
- 列名 1、列名 2……为要修改列值的列名，表达式 1、表达式 2……可以是常量、变量或表达式。可以同时修改所在数据行的多个列值，中间用逗号隔开。

下面展示的是修改 student 表中学号为 201803010001 的学生信息的代码。

```
UPDATE  student SET stu_speciality='网络技术', stu_address='北京市宣武门'  WHERE
stu_no='201803010001'
```

使用 UPDATE 语句修改数据时，可能会有多条记录满足 WHERE 子句的条件。要保证 WHERE 子句的正确性，否则将会破坏所有改变的数据。

③ 删除数据记录。

删除数据表中不再使用的数据也是对数据表必不可少的操作之一。例如，student 表中某个学生退学，或者由于教学改革需要取消某一门课程等都需要对数据表中的数据进行删除操作。DELETE 语句或 TRANCATE TABLE 语句可以用于删除表中的一行或多行记录。

项目 ④ Java Web 的数据访问

通过 DELETE 语句来删除数据,具体的语法格式如下。

```
DELETE FROM 表名 [WHERE 条件 ];
```

- FROM 子句：用于说明从何处删除数据,表名为要删除数据的表名。
- WHERE 子句：指定删除记录的条件。如果省略 WHERE 子句,则删除该表的所有行。

删除表中的全部数据是很简单的操作,但也是一个危险的操作。一旦删除了所有记录,就无法恢复了。因此,在删除操作之前一定要对现有的数据进行备份,以避免不必要的麻烦。

下面展示的是删除 student 表中专业为"数字艺术"和"英语"的学生信息的代码。

```
DELETE FROM student WHERE stu_speciality in ('数字艺术','英语');
```

（4）DCL（Data Control Language,数据控制语言）：DCL 是用来授权的,用来定义数据库的访问权限和安全级别,以及创建用户等。关键字有 GRANT、DENY、REVOKE 等。

- GRANT：允许用户能够访问数据或运行某些 Transact-SQL 语句。
- DENY：禁止某个安全账号的访问并阻止某个用户、用户组或角色从其组和角色成员中继承原有的权限。
- REVOKE：删除一个原来设置的允许或拒绝的权限。

默认情况下,只有赋予 sysadmin、dbcreator、db_owner、public 或 db_securityadmin 角色的成员才能运行这些语句。

下面的例子赋予 public 角色的成员查询表 student 的权限。

```
USE STUDB
GRANT SELECT ON student TO public GO
```

任务 4.3 数据库的连接

对于 MySQL 数据库,只要安装 MySQL 驱动,JDBC 就可以不关心具体的连接过程,来对 MySQL 数据库进行操作；如果是 SQL Server,只需要安装 SQL Server 驱动,JDBC 就可以不关心具体的连接过程,来对 SQL Server 进行操作。因此,要连接到不同厂商的数据库,应该首先安装相应厂商的数据库驱动。这就是数据库连接的其中一种方式——数据库厂商驱动连接。

数据库的连接

4.3.1 加载 JDBC 数据库驱动

由于 Java 是一种纯面向对象的语言,任何事物在其中都必须抽象成类或者类对象,数据库也不例外,JDBC 同样把数据库抽象成面向对象的结构。JDBC 将整个数据库驱动器在底层抽象成一个对象（即驱动器对象）,所有对数据库的操作都可以通过该对象进行,只不过数据库驱动对象和普通的 Java 对象有所不同。

首先要了解,大多数普通的 Java 对象在运行该 Java 程序前并不存在,而是在运行时临时创建的,程序退出后这些对象也随之释放。但数据库不一样,数据库往往是不依赖程序运行的,通常是 24h 持续运行的,只不过应用程序可以访问它而已,因此数据库对象不能像普通对象那样从无到有地"创建",也就是说它在应用程序运行之前就已经存在并且正常运行。

那么数据库实例如何在 Java 程序中访问呢？

加载数据库驱动其实就是将操作系统中正在运行的数据库进程（实例）转化成 Java 对象供 Java 程序使用（操作数据库）。其实在 Java 中任何类（Object、String 等）想要正常运行,底层都要有相应的驱动器驱动它,但是我们平时看不出来这些类对象需要什么驱动器驱动,这是因为这些基础类的驱动器就是 JVM 本身，其驱动的加载是在底层伴随着 JVM 的启动进行的，都对用户隐藏，所以看不到。而那些不依赖虚拟机驱动的程序（比如非常典型的数据库程序、大多数图形程序）想在 Java 中被访问，就必须由用户自己编写加载驱动器的代码。手动加载类的驱动器是使用 Class 类的 forName 静态方法，语法如下。

```
static Class<?> Class.forName(String className);
```

  className 就是那个不依赖 JVM 驱动的外部进程的 Java 类名，这个类名必须符合 Java 命名规则，例如 it.com.cn.Student。然而并不是任何外部进程都可以被 Java 访问，想要被 Java 访问，必须让那个程序自己准备好被 Java 调用的接口，并事先命名好 Java 类名才行，而程序准备好的 Java 接口就是该程序的 Java 驱动器（让 JVM 控制程序运行的东西就是 Java 驱动器）。因此数据库厂商必须自行写好数据库的 Java 驱动器（也称作数据库 Connector，即连接器，用于和 Java 程序连接），并准备好类名，好让 Class.forName 加载它。

  那么 forName 的加载过程是如何的呢？

  首先任意一个提供 Java 接口的程序都会拥有一个 Java 类名（加载到 JVM 中就是用该类名来访问该程序实例的），这样的程序运行后，这个 Java 类名就会被记录到该程序的进程信息中，而该程序的 Java 接口（驱动器）的句柄也会被记录到进程信息中。forName 传入该类名以后就会到操作系统的进程表中查找具有该 Java 类名的进程，找到对应的进程后就会找到该进程对应的 Java 驱动，然后将该驱动加载进 JVM。最后就可以在 Java 程序中通过这个类名（或者对象）来调用该进程，或者访问进程中的数据。

  使用厂商驱动，有下列两个步骤。

  （1）到相应的数据库厂商网站上下载厂商驱动，或者从数据库安装目录下找到相应的厂商驱动包，复制到 Web 项目的 WEB-INF/lib 下。以 MySQL 为例，可以将"MySQL-connector-java-x.x.x（版本号）-bin.jar"复制到 Web 项目的 WEB-INF/lib 下。右键单击 MySQL 的驱动 jar 包，将其加入项目。

  （2）在 JDBC 代码中，设定特定的驱动程序名称和 URL。不同的驱动程序和不同的数据库可以采用不同的驱动程序名称和 URL。

4.3.2 连接 MySQL 数据库

  JDBC 通过将特定数据库厂商的数据库操作的细节抽象，得到一组类和接口，这些类和接口包含在 java.sql 包中，这样，就可以为任何具有 JDBC 驱动的数据库所使用，从而实现数据库访问功能的通用化，如图 4-23 所示。

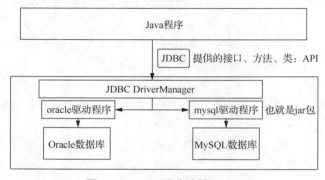

图 4-23 Java 程序连接 JDBC

项目 ④ Java Web 的数据访问

DriverManager 类是 JDBC 的管理层,作用于用户和驱动程序之间,它跟踪可用的驱动程序,并在数据库和相应驱动程序之间建立连接。该类负责加载、注册 JDBC 驱动程序,管理应用程序和已注册的驱动程序的连接。DriverManager 类的常用方法如表 4-3 所示。

表 4-3 DriverManager 类的常用方法

方法	说明
Static connection getConnection (String url,String user,String password)	用于建立到指定数据库 URL 的连接。其中,url 为指定的连接数据库的地址和端口;user 为数据库用户名;password 为用户的密码
Static Driver getDriver(String url)	用于返回能够打开 url 所指定的数据库的驱动程序

对于简单的应用程序,只需要直接使用该类的方法 DriverManager.getConnection()进行连接即可。通过调用方法 Class.forName(),可显式地加载驱动程序类。使用 JDBC 驱动程序建立连接的语句如下。

```
String dbName = "test";
String userName = "root";
String userPasswd = "123456";
String url = "jdbc:MySQL://localhost/" + dbName + "?user=" + userName + "&password=" + userPasswd;
Class.forName("com.MySQL.jdbc.Driver");
Connection conn = DriverManager.getConnection(url);
```

Connection 接口代表与特定的数据库的连接。要对数据表中的数据进行操作,首先要获取数据库连接。Connection 实现就像在应用程序与数据库之间开通了一条渠道。通过 DriverManager 类的 getConnection()方法可获取 Connection。

Connection 接口代表 Java 程序和数据的连接,只有获取该连接对象,才能访问数据库来操作数据表,该接口的常用方法如表 4-4 所示。

表 4-4 Connection 接口的常用方法

方法	说明
createStatement()	创建并返回一个 Statement 实例,通常在执行无参数 SQL 语句时创建该实例
prepareStatement()	创建并返回一个 PreparedStatement 实例,通常在执行包含参数的 SQL 语句中创建该实例,并对 SQL 语句进行预编译处理
prepareCall()	创建并返回一个 CallableStatement 实例,通常在调用数据库存储过程中创建该实例
commit()	从上一次或者回滚开始以来所有的变更都提交到数据库,并释放 Connection 实例当前拥有的所有数据库锁
rollback()	取消当前事务中的所有更改,并释放当前 Connection 实例拥有的所有数据库锁。该方法只能在非自动提交模式下使用,否则会抛出异常
close()	立即释放 Connection 实例所占用数据库和 JDBC 资源,即关闭数据库连接

4.3.3 连接其他常见数据库

在利用驱动作为中间件的应用服务器来访问数据库的模式中，应用服务器作为一个到多个数据库的网关，客户端通过它可以连接到不同的数据库服务器。应用服务器通常都有自己的网络协议，Java 客户端程序通过 JDBC 中间件驱动程序将 JDBC 调用发送给应用服务器，应用服务器使用本地驱动程序访问数据库，从而完成请求。JDBC 中间件驱动程序如图 4-24 所示。

图 4-24 JDBC 中间件驱动程序

无论采用哪种数据库，其连接步骤和使用到的 JDBC API 都是相同的。相应的数据库厂商对驱动类名的命名不同，而且没有规律可循，因此必须查阅相应厂商的 JDBC 手册才能知道。使用 JDBC 操作数据库时，如果对数据库进行了更换，只需要替换驱动、具体驱动类、连接字符串、用户名、密码。

（1）JSP 连接 Oracle 数据库（用 thin 模式）。

```
<%
    Class.forName("oracle.jdbc.driver.OracleDriver").newInstance();
    String url="jdbc:oracle:thin:@localhost:1521:orcl";     //orcl 为数据库的 SID
    String  user="root";
    String  password="root";
    Connection conn= DriverManager.getConnection(url,user,password);
%>
```

（2）JSP 连接 SQL Server 数据库。

```
<%
    Class.forName("com.microsoft.jdbc.sqlserver.SQLServerDriver").newInstance();
    String  url="jdbc:microsoft:sqlserver://localhost:1433;DatabaseName=pubs";    //pubs 为数据库名
    String user="root";
    String password="root";
    Connection conn= DriverManager.getConnection(url,user,password);
%>
```

（3）JSP 连接 DB2 数据库。

```
<%
    Class.forName("com.ibm.db2.jdbc.app.DB2Driver ").newInstance();
    String url="jdbc:db2://localhost:5000/sample";     //sample 为数据库名
    String user="root";
    String password="root";
    Connection conn= DriverManager.getConnection(url,user,password);
%>
```

（4）JSP 连接 Sybase 数据库。

```
<%
    Class.forName("com.sybase.jdbc.SybDriver").newInstance();
    String url =" jdbc:sybase:Tds:localhost:5007/tsdata";      //tsdata 为数据库名
```

```
Properties sysProps = System.getProperties();
SysProps.put("user","userid");
SysProps.put("password","user_password");
Connection conn= DriverManager.getConnection(url, SysProps);
%>
```

任务 4.4 常用的数据访问操作

本任务主要对常用的数据访问操作进行讲解，主要内容包括：数据查询操作、数据排序操作、添加数据操作、修改数据操作和删除数据操作。

常用的数据访问操作

4.4.1 数据查询操作

和数据库建立连接后，就可以使用 JDBC 提供的 API 和数据库交互信息，比如查询和更新数据库中的表等。JDBC 提供的 API 可以将标准的 SQL 语句发送给数据库，实现和数据库的交互。

在查询数据库中的记录时，都是通过标准的 SQL 语句来实现的。SQL 查询语句即 SELECT 语句，是 SQL 语句的核心。JDBC 能实现以下 3 个方面的功能：同一个数据库建立连接、向数据库发送 SQL 语句和处理数据库返回的结果，如图 4-25 所示。

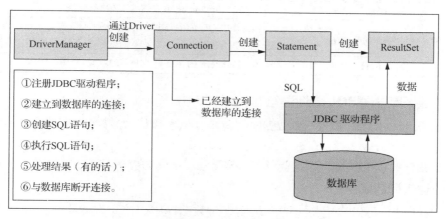

图 4-25 JDBC 驱动

JDBC 提供了 3 种接口来实现 SQL 语句的发送执行，它们分别是 Statement、PreparedStatement 和 CallableStatement。Statement 接口的对象用于执行简单的不带参数的 SQL 语句；PreparedStatement 接口的对象用于执行带有 IN 参数的预编译过的 SQL 语句；CallableStatement 接口的对象用于执行一个数据库的存储过程。PreparedStatement 继承了 Statement，而 CallableStatement 又从 PreparedStatement 继承。

对一个数据库中的表进行查询操作的具体步骤如下。

1. 创建 Statement 对象

Statement 对象是 Java 执行数据库操作的一个重要接口，用于在已经建立数据库连接的基础上，向数据库发送要执行的 SQL 语句。Statement 对象用 Connection 的 createStatement()方法创建，代码如下。

```
Statement createStatement()throws SQLException
Statement createStatement(int resultSetType, int resultSetConcurrency)
throws SQLException
```

其中，resultSetType 参数有以下两个取值。

- ResultSet.TYPE_SCROLL_INSENSITIVE：游标上下滚动，数据库变化时，当前结果集不变。
- ResultSet.TYPE_SCROLL_SENSITIVE：游标上下滚动，数据库变化时，结果集随之变动。

resultSetConcurrency 用来指定是否可以使用结果集更新数据库，它也有以下两个取值。

- ResultSet.CONCUR_READ_ONLY：结果集不能被更新。
- ResultSet.CONCUR_UPDATABLE：结果集可以更新。

Statement 对象的常用方法如表 4-5 所示。

表 4-5 Statement 对象的常用方法

方法	功能描述
ResultSet executeQuery(String sql)	执行给定的 SQL 语句，该语句返回单个 ResultSet 对象
boolean execute(String sql)	执行静态 SQL 语句，该语句可能返回多个结果集
void clearBatch()	清空这个 Statement 对象的 SQL 命令列表
int addBatch(String sql)	将指定的 SQL 命令添加到 Batch 中，参数 sql 通常为 INSERT 或者 UPDATE 语句，如果驱动程序不支持批处理，将抛出异常
void close()	释放 Statement 占用的数据库和 JDBC 资源

2．向数据库发送 SQL 查询语句

执行 Statement 对象，被发送到数据库的 SQL 语句将被作为参数提供给 Statement 的方法，代码如下。

```
ResultSet rs = stmt.executeQuery("SELECT a, b, c FROM Table2");
```

3．处理查询结果

Statement 对象可以调用相应的方法实现对数据库中表的查询和修改，并将查询结果存放在一个 ResultSet 声明的对象中。也就是说 SQL 查询语句对数据库的查询操作将返回一个 ResultSet 对象。ResultSet 对象以统一形式的数据行组成，如图 4-26 所示。

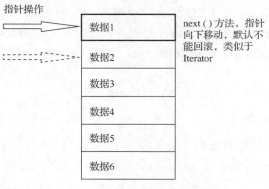

图 4-26 ResultSet 对象

ResultSet 对象使用一次只能看到一个数据行，使用 next()方法到下一数据行，获得一行数据后，ResultSet 对象可以使用 getXXX()方法获得字段值，将位置索引（第一列使用 1，第二列使用 2 等）或字段名传递给 getXXX()方法的参数即可。

其中，getXXX()方法的参数可以使用整型表示第几列（索引号从 1 开始），还可以是列名，返回的是对应的 XXX 类型的值。如果对应列是空值，XXX 是对象，则返回 XXX 类型的空值；如果 XXX 是数字类型，如 Float 等，则返回 0，为 Boolean 则返回 false。使用 getString()可以返回所有列的值，不过返回的都是字符串类型的。XXX 可以代表的类型有：基本的数据类型如整型（Int）、布尔型（Boolean）、浮点型（Float、Double）、比特型（Byte），还包括一些特殊的类型，如日期类型（java.sql.Date）、时间类型（java.sql.Time）、时间戳类型（java.sql.Timestamp）、大数型（BigDecimal 和 BigInteger 等）等。

注意：当使用 ResultSet 对象的 getXXX()方法查看一行记录时，不可以颠倒字段的顺序。

使用 ResultSet 对象除了可以进行顺序查询外，还可返回滚动的结果集，代码如下：

```
Statement stmt=conn.createStatement(int type ,int concurrency);
```

根据参数 type、concurrency 的取值情况，stmt 返回相应类型的结果集。

type 的取值决定滚动方式，取值可以是如下几种。

- ResultSet.TYPE_FORWARD_ONLY：结果集的游标只能向下滚动。
- ResultSet.TYPE_SCROLL_INSENSITIVE：结果集的游标可以上下移动，当数据库变化时，当前结果集不变。
- ResultSet.TYPE_SCROLL_SENSITIVE：返回可滚动的结果集，当数据库变化时，当前结果集同步改变。

concurrency 的取值决定是否可以用结果集更新数据库，取值为如下几种。

- ResultSet.CONCUR_READ_ONLY：不能用结果集更新数据库中的表。
- ResultSet.CONCUR_UPDATABLE：能用结果集更新数据库中的表。

滚动查询经常用到 ResultSet 的下述方法。

- public boolean previous()：将游标向上移动，该方法返回 Boolean 型数据，当移到结果集第一行之前时返回 false。
- public void beforeFirst()：将游标移到结果集的初始位置，即在第一行之前。
- public void afterLast()：将游标移到结果集最后一行之后。
- public void first()：将游标移到结果集的第一行。
- public void last()：将游标移到结果集的最后一行。
- public boolean isAfterLast()：判断游标是否在最后一行之后。
- public boolean isBeforeFirst()：判断游标是否在第一行之前。
- public boolean ifFirst()：判断游标是否指向结果集的第一行。
- public boolean isLast()：判断游标是否指向结果集的最后一行。

4. 关闭 Statement 对象

Statement 对象将由 Java 垃圾收集程序自动关闭。为培养一种好的编程习惯，应在不需要 Statement 对象时显式地关闭它们，这将立即释放 DBMS 资源，有助于避免潜在的内存问题。

【例 4-1】编写 Web 应用程序，在计算机屏幕上用表格的形式显示出所有学生的信息，效果如图 4-27 所示。

```jsp
<%@page contentType="text/html;charset=UTF-8" language="java" %>
<%@page import="java.sql.*" %>
<html>
<head>
<title>整表查询数据</title>
<%! ResultSet rs;%>
<%
        String dbName = "STUDB";
        String userName = "root";
        String userPasswd = "123456";
        String url = "jdbc:mysql://localhost/" + dbName + "?user=" + userName +
"&password=" + userPasswd+"&useUnicode=true&characterEncoding=utf-8";
        Connection conn = DriverManager.getConnection(url);
        Statement statement = conn.createStatement();
        String sql = "select * from student";
        rs = statement.executeQuery(sql);
    %>
</head>
<body>
<table border="1">
<th colspan="7" style=" font-size: x-large; alignment: center">学生信息表</th>
<tr style=" text-align: center">
<td>学号</td>
<td>姓名</td>
<td>性别</td>
<td>政治身份</td>
<td>出生日期</td>
<td>身份证号</td>
<td>所在系部</td>
</tr>
<% while (rs.next()) { %>
<tr style=" text-align: center">
<td><%= rs.getString(1)  %></td>
<td><%= rs.getString(2) %></td>
<td><%= rs.getString(3) %></td>
<td><%= rs.getString("stu_politicalstatus") %></td>
<td><%= rs.getString("stu_birthday")%></td>
<td><%= rs.getString("stu_identitycard")%></td>
<td><%= rs.getString("stu_speciality")%></td>
</tr>
<% } %>
</table>
</body></html>
```

在 SQL 中，WHERE 子句用于规定选择的标准，如需有条件地从表中选取数据，可将 WHERE 子句添加到 SELECT 语句，语法如下。

SELECT 列名称 FROM 表名称 WHERE 列 运算符 值

项目 ❹ Java Web 的数据访问

图 4-27 整表查询数据

【例 4-2】编写 Web 应用程序，客户通过 JSP 页面输入查询条件，计算机屏幕上用表格的形式显示出学生的信息。

index.jsp 页面代码如下。

```
<html>
<head></head>
<body>
<form action="first.jsp" method="post" >
<table>
<th colspan="2">查询条件</th>
<tr>
<td>学号：</td>
<td><input type="text" name="stuid" id="stuid"/></td>
</tr>
<tr aria-rowspan="2">
<td><input type="submit" value="提交"></td>
</tr>
</table>
</form>
</body></html>
```

first.jsp 页面代码如下。

```
<%@page import="java.sql.*" %>
<% String id=request.getParameter("stuid");%>
<html>
<head>
<title>条件查询</title>
<%! ResultSet rs;%>
<%
        String dbName = "STUDB";
        String userName = "root";
        String userPasswd = "123456";
        String url = "jdbc:mysql://localhost/" + dbName + "?user=" +
userName + "&password=" + userPasswd+"&useUnicode=true&characterEncoding=utf-8";
        Connection conn = DriverManager.getConnection(url);
        Statement statement = conn.createStatement();
        String sql = "select * from student where stu_no='"+id+"'";
```

```
                rs = statement.executeQuery(sql);
        %>
    </head>
    <body>
    <table border="1">
        <th colspan="7" style=" font-size: x-large; alignment: center"> 学生信息表
</th>
        <tr style=" text-align: center">
        <td>学号</td>
        <td>姓名</td>
        <td>性别</td>
        <td>政治身份</td>
        <td>出生日期</td>
        <td>身份证号</td>
        <td>所在系部</td>
        </tr>
        <% while (rs.next()) { %>
        <tr style=" text-align: center">
        <td><%= rs.getString(1) %></td>
         <td><%= rs.getString(2) %></td>
         <td><%= rs.getString(3) %></td>
        <td><%= rs.getString("stu_politicalstatus") %></td>
        <td><%= rs.getString("stu_birthday")%></td>
        <td><%= rs.getString("stu_identitycard")%></td>
        <td><%= rs.getString("stu_speciality")%></td>
        </tr>
        <% } %>
        <%
rs.close();
statement.close();
conn.close();
%>
</table>
</body>
</html>
```

条件查询效果如图 4-28 所示。

图 4-28 条件查询

要是想满足多个条件呢？可以更进一步检索满足多个条件下的序列，使用 AND 和 OR 运算符基于一个以上的条件对记录进行过滤。

在上面的例题中，只需要把对应的 SQL 语句修改成

```
String sql = "select * from student where stu_speciality='软件技术' and stu_no='"+id+"'";
```

项目 ❹ Java Web 的数据访问

就能查询出在该系部下的指定学号的学生信息。

把对应的 SQL 语句修改成

```
String sql = "select * from student where stu_speciality='数字艺术' or stu_no='"+id+"'";
```

就能查询出在该系部的学生信息和指定学号的学生信息。

4.4.2 数据排序操作

可以在 SQL 语句中使用 ORDER BY 语句对结果集进行排序,ORDER BY 语句默认按照升序对记录进行排序。如果希望按照降序对记录进行排序,可以使用 DESC 关键字。

【例 4-3】编写 Web 应用程序,按照学生所在系部降序排列,系部相同的,按照政治身份升序排序,计算机屏幕用表格的形式显示出学生的信息。

```jsp
<%@page contentType="text/html;charset=UTF-8" language="java" %>
<%@page import="java.sql.*" %>
<html>
<head>
<title>排序查询</title>
<%! ResultSet rs;%>
<%
    String dbName = "STUDB";
    String userName = "root";
    String userPasswd = "123456";
    String url = "jdbc:mysql://localhost/" + dbName + "?user=" + userName + "&password=" + userPasswd+"&useUnicode=true&characterEncoding=utf-8";
    Connection conn = DriverManager.getConnection(url);
    Statement statement = conn.createStatement();
    String sql = "select * from student ORDER BY stu_speciality DESC, stu_politicalstatus ASC  ";
    rs = statement.executeQuery(sql);
%>
</head>
<body>
<table border="1">
<th colspan="7" style=" font-size: x-large; alignment: center">学生信息表</th>
<tr style=" text-align: center">
<td>学号</td>
<td>姓名</td>
<td>性别</td>
<td>政治身份</td>
<td>出生日期</td>
<td>身份证号</td>
<td>所在系部</td>
</tr>
<% while (rs.next()) { %>
   <tr style=" text-align: center">
   <td><%= rs.getString(1)  %></td>
   <td><%= rs.getString(2) %></td>
   <td><%= rs.getString(3) %></td>
```

```
    <td><%= rs.getString("stu_politicalstatus") %></td>
    <td><%= rs.getString("stu_birthday")%></td>
    <td><%= rs.getString("stu_identitycard")%></td>
    <td><%= rs.getString("stu_speciality")%></td>
    </tr>
<%  } %>
<%
rs.close();
statement.close();
conn.close();
%>
</table></body></html>
```

排序查询效果如图 4-29 所示。

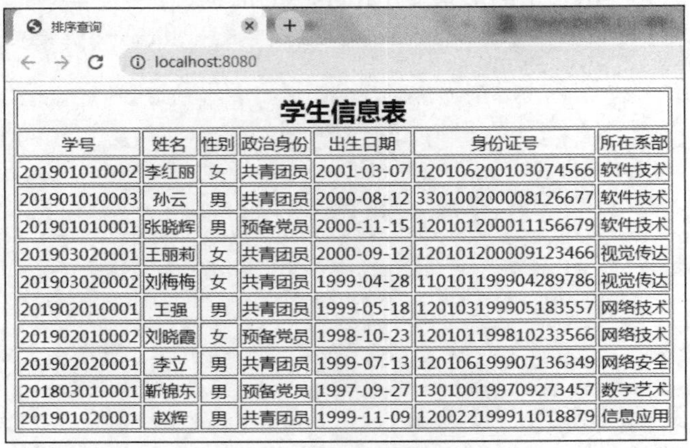

学生信息表						
学号	姓名	性别	政治身份	出生日期	身份证号	所在系部
201901010002	李红丽	女	共青团员	2001-03-07	120106200103074566	软件技术
201901010003	孙云	男	共青团员	2000-08-12	330100200008126677	软件技术
201901010001	张晓辉	男	预备党员	2000-11-15	120101200011156679	软件技术
201903020001	王丽莉	女	共青团员	2000-09-12	120101200009123466	视觉传达
201903020002	刘梅梅	女	共青团员	1999-04-28	110101199904289786	视觉传达
201902010001	王强	男	共青团员	1999-05-18	120103199905183557	网络技术
201902010002	刘晓霞	女	预备党员	1998-10-23	120101199810233566	网络技术
201902020001	李立	男	共青团员	1999-07-13	120106199907136349	网络安全
201803010001	靳锦东	男	预备党员	1997-09-27	130100199709273457	数字艺术
201901020001	赵辉	男	共青团员	1999-11-09	120022199911018879	信息应用

图 4-29　排序查询

4.4.3　添加数据操作

我们已经知道 Statement 接口中 executeQuery()这个方法被用来执行 SELECT 语句，它几乎是使用最多的 SQL 语句。然而 Statement 接口中还有一个 executeUpdate()方法，我们可以使用该方法执行 INSERT、UPDATE 或 DELETE 语句以及 SQL DDL 等语句，例如 CREATE TABLE 和 DROP TABLE。INSERT、UPDATE 或 DELETE 语句的效果是修改表中的一列或多行中的一列或多列。executeUpdate()的返回值是一个整数，指定受影响的行数（即更新计数）。对于 CREATE TABLE 或 DROP TABLE 等不操作行的语句，executeUpdate()的返回值总为零。

【例 4-4】编写 Web 应用程序，用户通过 JSP 页面添加学生信息，计算机屏幕以表格的形式显示出学生的信息。

index.jsp 页面代码如下。

```
<%@page contentType="text/html;charset=UTF-8" language="java" %>
<html>
<head></head>
<body>
<form action="first.jsp"  method="post" >
<table>
<th colspan="2">增加学生信息</th>
<tr>
```

```html
<td>学生学号：</td>
<td><input type="text" name="stuid" id="stuid"/></td>
</tr>
<tr>
<td>学生姓名：</td>
<td><input type="text" name="stuname" id="stuname"/></td>
</tr>
<tr>
<td>学生性别：</td>
<td><input type="text" name="stusex" id="stusex"/></td>
</tr>
<tr>
<td>学生政治身份：</td>
<td><input type="text" name="stupoliticalstatus" id="stupoliticalstatus"/></td>
</tr>
<tr>
<td>出生日期：</td>
<td><input type="text" name="stubirthday" id="stubirthday"/></td>
</tr>
<tr>
<td>身份证号：</td>
<td><input type="text" name="stuidentitycard" id="stuidentitycard"/></td>
</tr>
<tr>
<td>所在系部：</td>
<td><input type="text" name="stuspeciality" id="stuspeciality"/></td>
</tr>
<tr>
<td>家庭地址：</td>
<td><input type="text" name="stuaddress" id="stuaddress"/></td>
</tr>
<tr>
<td>邮政编码：</td>
<td><input type="text" name="stupostcode" id="stupostcode"/></td>
</tr>
<tr>
<td>联系电话：</td>
<td><input type="text" name="stutelephone" id="stutelephone"/></td>
</tr>
<tr>
<td>电子邮箱：</td>
<td><input type="text" name="stuemail" id="stuemail"/></td>
</tr>
<tr aria-rowspan="2">
<td><input type="submit" value="提交"></td>
</tr>
</table>
</form>
</body>
</html>
```

first.jsp 页面代码如下。

```jsp
<%@page contentType="text/html;charset=UTF-8" language="java" %>
<%@page import="java.sql.*" %>
<%request.setCharacterEncoding("utf-8");%>
<% String StuNo=request.getParameter("stuid");%>
<% String stuName=  request.getParameter("stuname");%>
<% String stuBirthday=request.getParameter("stubirthday");%>
<% String stuSex=request.getParameter("stusex");%>
<% String stuPoliticalStatus=request.getParameter("stupoliticalstatus");%>
<% String stuIdentityCard=request.getParameter("stuidentitycard");%>
<% String stuSpeciality=request.getParameter("stuspeciality");%>
<% String stuAddress=request.getParameter("stuaddress");%>
<% String stuPostCode=request.getParameter("stupostcode");%>
<% String stuTelephone=request.getParameter("stutelephone");%>
<% String stuEmail=request.getParameter("stuemail");%>
<html>
<head>
<title>添加学生信息</title>
<%! ResultSet rs;%>
<%
        String dbName = "STUDB";
        String userName = "root";
        String userPasswd = "123456";
        String url = "jdbc:mysql://localhost/" + dbName + "?user=" + userName +
"&password=" + userPasswd+"&useUnicode=true&characterEncoding=utf-8";
        Connection conn = DriverManager.getConnection(url);
        Statement statement = conn.createStatement();
        String sql = "INSERT into student(stu_no,stu_name,stu_sex,
stu_politicalstatus,stu_birthday," +
            "stu_identitycard,stu_speciality,stu_address,stu_postcode,stu_
telephone,stu_email)\n" +
            "VALUES('"+StuNo+"','"+stuName+"','"+stuSex+"',
'"+stuPoliticalStatus+"','"+stuBirthday+"" +
          "','"+stuIdentityCard+"','"+stuSpeciality+"','"+stuAddress+"','
"+stuPostCode+"','"+stuTelephone+
                "','"+stuEmail+"')";
        int result= statement.executeUpdate(sql);
        if(result>0)
            out.print(" <script type='text/javascript'>alert('添加成功');
</script> ");
        else
            out.print(" <script type='text/javascript'>alert('添加失败');
</script> ");
        sql = "select * from student ";
        rs = statement.executeQuery(sql);
%>
</head>
<body>
<table border="1">
<th colspan="7" style=" font-size: x-large; alignment: center"> 学生信息表</th>
<tr style=" text-align: center">
<td>学号</td>
```

```
<td>姓名</td>
<td>性别</td>
<td>政治身份</td>
<td>出生日期</td>
<td>身份证号</td>
<td>所在系部</td>
</tr>
<% while (rs.next()) {  %>
<tr style=" text-align: center">
<td><%= rs.getString(1)  %></td>
<td><%= rs.getString(2) %></td>
<td><%= rs.getString(3) %></td>
<td><%= rs.getString("stu_politicalstatus") %></td>
<td><%= rs.getString("stu_birthday")%></td>
<td><%= rs.getString("stu_identitycard")%></td>
<td><%= rs.getString("stu_speciality")%></td>
</tr>
<%  }  %>
<%
rs.close();
preparedStatement.close();
conn.close();
%>
</table>
</body>
</html>
```

添加学生信息效果如图 4-30 所示。

图 4-30 添加学生信息

4.4.4 修改数据操作

我们利用上面的程序是能够将数据保存到数据库中的。不过，在里面出现了一句复杂的代码，其中 SQL 语句的组织依赖变量，比较容易出错。

PreparedStatement 接口帮我们解决了这个问题。PreparedStatement 接口是 Statement 接口的子接口，它直接继承并重载 Statement 的方法。

PreparedStatement 接口的常用方法如表 4-6 所示。

表 4-6 PreparedStatement 接口的常用方法

方法	说明
boolean execute()	在此 PreparedStatement 对象中执行 SQL 语句，该语句可以是任何 SQL 语句。如果是 Result 对象，则返回 true；如果是更新计数或没有结果，则返回 false
ResultSet executeQuery()	在此 PreparedStatement 对象中执行 SQL 查询，并返回查询生成的 ResultSet 对象
int executeUpdate()	在 PreparedStatement 对象中执行 SQL 语句，该语句必须是 INSERT、UPDATE、DELETE 或者 DDL 语句
void setInt(int index，int x)	将指定参数设置为给定的整型值。设置其他类型参数的方法与此方法类似，如 setFloat(int index,float x),setDouble(int index,double x)等

1. 创建 PreparedStatement 对象

在建立连接后，调用 Connection 接口中的 prepareStatement()方法，即可创建一个 PreparedStatement 的对象，一般形式如下。

```
String sql = "update student set birthday=?,stuclass=? where number=?";
PreparedStatement preparedStatement= conn.prepareStatement(sql);
```

2. 对参数赋值

PreparedStatement 对象提供了大量的 setXXX(int index,Object val)方法对输入参数进行赋值，根据输入参数的 SQL 类型选用合适的 setXXX()方法，其中 index 值从 1 开始，一般形式如下。

```
preparedStatement.setString(1,stuBirthday);
```

3. 执行语句

执行 PreparedStatement 对象的 executeQuery()方法或者 executeUpdate()方法就可以完成查询或者数据的更新。

【例 4-5】编写 Web 应用程序，用户通过 JSP 页面修改学生信息，计算机屏幕以表格的形式显示出学生的信息。

index.jsp 页面代码如下。

```
<%@page contentType="text/html;charset=UTF-8" language="java" %>
<html>
<head></head>
<body>
<form action="first.jsp" method="post" >
<table>
```

```html
<th colspan="2">修改学生信息</th>
<tr>
<td colspan="2">指定需要被修改的学生信息</td>
</tr>
<tr>
<td>学生学号：</td>
<td><input type="text" name="stuid" id="stuid"/></td>
</tr>
<tr>
<td colspan="2">填写需要改正的学生信息</td>
</tr>
<tr>
<td>政治身份：</td>
<td><input type="text" name="stupoliticalstatus" id="stupoliticalstatus"/></td>
</tr>
<tr>
<td>所在系部：</td>
<td><input type="text" name="stuspeciality" id="stuspeciality"/></td>
</tr>
<tr>
<td>电子邮箱：</td>
<td><input type="text" name="stuemail" id="stuemail"/></td>
</tr>
<tr>
<td>电话号码：</td>
<td><input type="text" name="stutelephone" id="stutelephone"/></td>
</tr>
<tr aria-rowspan="2">
<td><input type="submit" value="提交"></td>
</tr>
</table>
</form>
</body>
</html>
```

first.jsp 页面代码如下。

```jsp
<%@page contentType="text/html;charset=UTF-8" language="java" %>
<%@page import="java.sql.*" %>
<%request.setCharacterEncoding("utf-8");%>
<% String stuNo=request.getParameter("stuid");%>
<% String stuTelephone=request.getParameter("stutelephone");%>
<% String stuEmail=request.getParameter("stuemail");%>
<% String stuPoliticalStatus=request.getParameter("stupoliticalstatus");%>
<% String stuSpeciality=request.getParameter("stuspeciality");%>
<html>
<head>
<title>修改结果</title>
<%! ResultSet rs;%>
<%
        String dbName = "STUDB";
```

```jsp
            String userName = "root";
            String userPasswd = "123456";
            String url = "jdbc:mysql://localhost/" + dbName + "?user=" + userName +
"&password=" + userPasswd+"&useUnicode=true&characterEncoding=utf-8";
            Connection conn = DriverManager.getConnection(url);
            String sql = "update student set stu_politicalstatus=?,
stu_speciality=?,stu_telephone=?,stu_email=? where stu_no=?";
            PreparedStatement preparedStatement= conn.prepareStatement(sql);
            preparedStatement.setString(1,stuPoliticalStatus);
            preparedStatement.setString(2,stuSpeciality);
            preparedStatement.setString(3,stuTelephone);
            preparedStatement.setString(4,stuEmail);
            preparedStatement.setString(5,stuNo);
            int  result= preparedStatement.executeUpdate();
            if(result>0)
                out.print("  <script type='text/javascript'>alert('修改成功');
</script> ");
            else
                out.print("  <script type='text/javascript'>alert('修改失败');
</script> ");
            sql = "select * from student ";
            preparedStatement=conn.prepareStatement(sql);
            rs = preparedStatement.executeQuery();
%>
</head>
<body>
<table border="1">
<th colspan="7" style=" font-size: x-large; alignment: center"> 学生信息表</th>
<tr style=" text-align: center">
<td>学号</td>
<td>姓名</td>
<td>性别</td>
<td>政治身份</td>
<td>出生日期</td>
<td>身份证号</td>
<td>所在系部</td>
</tr>
<% while (rs.next()) { %>
<tr style=" text-align: center">
<td><%= rs.getString(1)  %></td>
<td><%= rs.getString(2) %></td>
<td><%= rs.getString(3) %></td>
<td><%= rs.getString("stu_politicalstatus") %></td>
<td><%= rs.getString("stu_birthday")%></td>
<td><%= rs.getString("stu_identitycard")%></td>
<td><%= rs.getString("stu_speciality")%></td>
</tr>
<%  }  %>
<%
    rs.close();
```

```
     preparedStatement.close();
     conn.close();
%>
</table>
</body>
</html>
```

修改学生信息效果如图 4-31 所示。

图 4-31　修改学生信息

4.4.5　删除数据操作

在 Java Web 开发中，删除操作非常常见。删除数据操作通常涉及以下步骤。

（1）前端发送删除请求到后端。
（2）后端接收删除请求，并处理删除数据的逻辑。
（3）后端通过数据库访问层（如 JDBC）执行删除数据操作。
（4）返回删除结果。
（5）后端将删除结果响应给前端，前端进行相应的页面更新或提示。

以下是一个简单的示例，用于展示如何在 Servlet 中实现删除数据操作。

【例 4-6】编写 Web 应用程序，用户通过 JSP 页面删除指定学号的学生，计算机屏幕以表格的形式显示出删除之后的学生信息。

index.jsp 页面代码如下。

```jsp
<%@page contentType="text/html;charset=UTF-8" language="java" %>
<html>
<head></head>
<body>
<form action="first.jsp"  method="post" >
<table>
<th colspan="2">删除学生信息</th>
<tr>
<td>学生学号：</td>
<td><input type="text" name="stuid" id="stuid"/></td>
</tr>
<tr aria-rowspan="2">
<td><input type="submit" value="提交"></td>
</tr>
</table>
</form>
</body>
</html>
```

first.jsp 页面代码如下。

```jsp
<%@page contentType="text/html;charset=UTF-8" language="java" %>
<%@page import="java.sql.*" %>
<%request.setCharacterEncoding("utf-8");%>
<% String stuNo=request.getParameter("stuid");%>
<html>
<head>
<title>删除结果</title>
<%! ResultSet rs;%>
<%
        String dbName = "STUDB";
        String userName = "root";
        String userPasswd = "123456";
        String url = "jdbc:mysql://localhost/" + dbName + "?user=" + userName +
"&password=" + userPasswd+"&useUnicode=true&characterEncoding=utf-8";
        Connection conn = DriverManager.getConnection(url);
        String sql = "DELETE from student where stu_no=?";
        PreparedStatement preparedStatement= conn.prepareStatement(sql);
        preparedStatement.setString(1,stuNo);
        int  result= preparedStatement.executeUpdate();
        if(result>0)
            out.print("  <script type='text/javascript'>alert('删除成功');
</script> ");
        else
            out.print("  <script type='text/javascript'>alert('删除失败');
</script> ");
        sql = "select * from student ";
        rs = preparedStatement.executeQuery(sql);
%>
</head>

<body>
<table border="1">
```

```html
<th colspan="7" style=" font-size: x-large; alignment: center"> 学生信息表</th>
<tr style=" text-align: center">
<td>学号</td>
<td>姓名</td>
<td>性别</td>
<td>政治身份</td>
<td>出生日期</td>
<td>身份证号</td>
<td>所在系部</td>
</tr>
<% while (rs.next()) { %>
<tr style=" text-align: center">
<td><%= rs.getString(1) %></td>
<td><%= rs.getString(2) %></td>
<td><%= rs.getString(3) %></td>
<td><%= rs.getString("stu_politicalstatus") %></td>
<td><%= rs.getString("stu_birthday")%></td>
<td><%= rs.getString("stu_identitycard")%></td>
<td><%= rs.getString("stu_speciality")%></td>
</tr>
<% } %>
<%
    rs.close();
    preparedStatement.close();
    conn.close();
%>
</table>
</body>
</html>
```

删除学生信息效果如图 4-32 所示。

图 4-32 删除学生信息

任务 4.5　拓展实训任务

拓展实训任务

本任务为批处理查询实训任务，拓展 JDBC 基础语法知识点。通过拓展实训环节，强化 JDBC 语法知识点的实际应用能力。

4.5.1　拓展实训任务简介

在实际开发中，经常需要向数据库发送多条 SQL 语句，这时，如果逐条执行这些 SQL 语句，效率会很低。为此，JDBC 提供了批处理机制，即同时执行多条 SQL 语句。

为了避免重复代码的书写，可以使用 PreparedStatement 对象实现批处理。与 Statement 对象相比，PreparedStatement 对象更加灵活，它既可以使用完整的 SQL 语句，也可以使用带参数的不完整 SQL 语句。下面通过一个案例来演示如何使用 PreparedStatement 对象实现批处理。本任务要完成一个批量插入学生信息的操作，如图 4-33 所示。

图 4-33　批量插入学生信息

4.5.2　拓展实训任务实现

1. 创建工程

启动 IDEA，创建 Web 应用项目。在 Web 文件夹下的 lib 文件夹中导入 MySQL 的连接驱动。然后选中该驱动，单击右键，在弹出的快捷菜单中选择 Add as Library。

2. JSP 页面实现

在 Web 文件夹下创建 JSP 类型文件 index.jsp。index.jsp 页面代码如下。

项目 ❹ Java Web 的数据访问

```jsp
<%@page contentType="text/html;charset=UTF-8" language="java" %>
<html>
<head>
<title>批量添加</title>
<%! ResultSet rs;%>
<%
        String dbName = "STUDB";
        String userName = "root";
        String userPasswd = "123456";
        String url = "jdbc:mysql://localhost/" + dbName + "?user=" + userName +
"&password=" + userPasswd+"&useUnicode=true&characterEncoding=utf-8";
        Connection conn = DriverManager.getConnection(url);
        String[] stuNos = new String[]{"202203010002", "202203010003",
"202203010004", "202203010005"};
        String[] stuNames = new String[]{"赵博", "王松", "张蕾", "王哲"};
        String[] stuSexs = new String[]{"男", "男", "女", "男"};
        String[] stuPoliticalStatus = new String[]{"预备党员", "共青团员", "预备
党员", "共青团员"};
        String[] stuBirthdays = new String[]{"2002-11-01", "2002-11-02",
"2002-11-03", "2002-11-04"};
        String[] stuIdentityCards = new String[]{"120100200211012711",
"120100200211022711", "120100200211032711", "120100200211042711"};
        String[] stuSpecialitys = new String[]{"软件技术", "视觉传达", "信息安全",
"机械制造"};
        String[] stuAddress = new String[]{"天津市河西区", "天津市和平区", "天津市
南开区", "天津市河北区"};
        String[] stuPostcode = new String[]{"300001", "300002", "300003",
"300004"};
        String[] stuTelephones = new String[]{"18739077658", "19739077658",
"18735077658", "18739037658"};
        String[] stuEmails = new String[]{"18739077658@163.com",
"19739077658@qq.com", "18735077658@126.com", "18739037658@163.com"};
        String sql = "INSERT into student(stu_no,stu_name,stu_sex,
stu_politicalstatus,stu_birthday,stu_identitycard,stu_speciality,
stu_address,stu_postcode,stu_telephone,stu_email)
VALUES( ?,?,?,?,?,?,?,?,?,?,?)";
        PreparedStatement preparedStatement = conn.prepareStatement(sql);
        for (int i = 0; i < 4; i++) {
            preparedStatement.setString(1, stuNos[i]);
            preparedStatement.setString(2, stuNames[i]);
            preparedStatement.setString(3, stuSexs[i]);
            preparedStatement.setString(4, stuPoliticalStatus[i]);
            preparedStatement.setString(5, stuBirthdays[i]);
            preparedStatement.setString(6, stuIdentityCards[i]);
            preparedStatement.setString(7, stuSpecialitys[i]);
            preparedStatement.setString(8, stuAddress[i]);
            preparedStatement.setString(9, stuPostcode[i]);
            preparedStatement.setString(10, stuTelephones[i]);
            preparedStatement.setString(11, stuEmails[i]);
            preparedStatement.addBatch();
        }
```

```jsp
            int[] result = preparedStatement.executeBatch();
            if (result.length > 0)
                System.out.print(" <script type='text/javascript'>alert('添加成功');</script> ");
            else
                System.out.print(" <script type='text/javascript'>alert('添加失败');</script> ");
            sql = "select * from student ";
            preparedStatement = conn.prepareStatement(sql);
            rs = preparedStatement.executeQuery();
    %>
</head>
<body>
<table border="1">
<th colspan="7" style=" font-size: x-large; alignment: center"> 学生信息表</th>
<tr style=" text-align: center">
<td>学号</td>
<td>姓名</td>
<td>性别</td>
<td>政治身份</td>
<td>出生日期</td>
<td>身份证号</td>
<td>所在系部</td>
</tr>
<% while (rs.next()) { %>
<tr style=" text-align: center">
<td><%= rs.getString(1)   %>
</td>
<td><%= rs.getString(2) %>
</td>
<td><%= rs.getString(3) %>
</td>
<td><%= rs.getString("stu_politicalstatus") %>
</td>
<td><%= rs.getString("stu_birthday")%>
</td>
<td><%= rs.getString("stu_identitycard")%>
</td>
<td><%= rs.getString("stu_speciality")%>
</td>
</tr>
<% } %>
<%
        rs.close();
        preparedStatement.close();
        conn.close();
%>
</table>
</body>
</html>
```

项目 ❹ Java Web 的数据访问

项目小结

本项目主要介绍了 Java Web 的数据访问技术，MySQL 数据库的安装，连接 MySQL 数据库，常用的数据访问操作等知识。通过对本项目的学习，大家可以对 JDBC 技术的基本语法有初步的了解，并能掌握 JDBC 语法的基本规范和使用方法，为后面的学习打下坚实的基础。

考核与评价

表 4-7 用于记录学习完成人在学习过程中的形成性表现，主要围绕能力素养、知识点掌握和其他表现等情况进行综合性评价。能力考核点从理解学习目标的能力、自主逻辑思维的能力、吸收知识的能力、编写项目程序的能力、解决问题的能力、总结反思的能力 6 个维度进行相关的评价。知识考核点从 JDBC 数据访问技术、数据查询操作、添加数据操作、修改数据操作、删除数据操作 5 个维度进行相关的评价。表现考核点从学习出勤情况、学习态度情况、学习纪律情况 3 个维度进行相关的评价。综合性评价可以分为优、良、中、合格和不合格 5 个等级。学习指导者可以根据学习完成人在本项目学习过程中的具体表现，在表 4-7 中给出相关部分的评语、得分和综合性评价。

表 4-7 考核与评价表

项目名称			学习完成人	
学习时间			综合性评价	
能力素养情况评分（40 分）				
序号	能力考核点	评价	配分	得分
1	理解学习目标的能力		5	
2	自主逻辑思维的能力		5	
3	吸收知识的能力		5	
4	编写项目程序的能力		15	
5	解决问题的能力		5	
6	总结反思的能力		5	
知识点掌握情况评分（40 分）				
序号	知识考核点	评价	配分	得分
1	JDBC 数据访问技术		10	
2	数据查询操作		10	
3	添加数据操作		10	
4	修改数据操作		5	
5	删除数据操作		5	
其他表现情况评分（20 分）				
序号	表现考核点	评价	配分	得分
1	学习出勤情况		5	
2	学习态度情况		10	
3	学习纪律情况		5	

Java Web 动态网站开发（第2版）（微课版）

课后习题

1. 填空题

（1）JDBC 的主要任务是_____、_____、_____。

（2）JSP 中常用的两种数据库连接方式是_____和_____。

（3）Statement 对象中的_____方法用于执行查询语句，_____方法用于执行更新语句。

2. 选择题

（1）在 JSP 中使用 JDBC 语句访问数据库，正确导入 SQL 类库的语句是（　　）。

  A. <%@ page import="java.sql.*" %> B. <%@ page import="sql.*" %>

  C. <% page import="java.sql.*" %> D. <%@ import="java.sql.*" %>

（2）（多选）在 JDBC 中，负责执行 SQL 语句的接口是（　　）。

  A. Connection B. Statement

  C. Result D. PreparedStatement

（3）在 JDBC 中，用于封装查询结果的是（　　）。

  A. ResultSet B. Connection

  C. PreparedStatement D. DriverManager

3. 简答题

（1）简述什么是 JDBC。

（2）简述 JDBC 的实现步骤。

项目 ❺ JavaBean 技术的应用

JavaBean 是使用 Java 语言开发的一个可重用的组件,在 JSP 的开发中可以使用 JavaBean 减少重复代码,使整个 JSP 代码更简洁。JavaBean 不仅可提高程序的可读性、易维护性,而且可实现代码的重用性,节省 Web 应用项目的开发时间。

学习目标

知识目标
1. 熟悉 JavaBean 技术的基本概念
2. 熟悉 JavaBean 语法的规范

能力目标
1. 掌握 JavaBean 的编写要求
2. 掌握获取 JavaBean 属性信息的方式
3. 掌握对 JavaBean 属性赋值的方式

素养目标
1. 培养具有不断创新探索的学习能力
2. 培养动手尝试探索的实践能力

课堂与人生

近朱者赤,近墨者黑。

课堂与人生

任务 5.1　JavaBean 技术简介

本任务主要对 JavaBean 技术进行介绍,主要内容包括 JavaBean 概述和 JavaBean 的种类。

JavaBean 技术简介

5.1.1　JavaBean 概述

在 JSP 页面开发的初级阶段,没有逻辑分层概念的时候,需要把 Java 代码直接嵌入 JSP 页面中,然后利用 Java 代码对页面中的一组业务逻辑进行处理。其开发模式如图 5-1 所示。

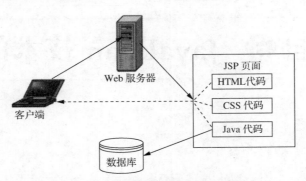

图 5-1　JSP 页面开发初级阶段的开发模式

这样的开发虽然流程简单，但是 Java 代码嵌入 JSP 页面中给修改和维护带来很多麻烦。因为 JSP 页面中包含很多 HTML、CSS 和 JavaScript 等页面前端元素，如果再加入后台业务逻辑代码，不利于技术的分层实现，也不能体现面向对象开发思想的优势，将出现代码无法重用的情况。

如果使前端 HTML 代码和后端 Java 代码分离，把实现业务逻辑的类单独封装，然后在JSP 页面中进行调用，就可以降低 HTML 代码和 Java 代码的耦合度，使 JSP 页面更加简洁，易于后期的重用和维护。这样的类就是 JavaBean 组件类。在 Java Web 应用开发中加入JavaBean 组件后的开发模式如图 5-2 所示。

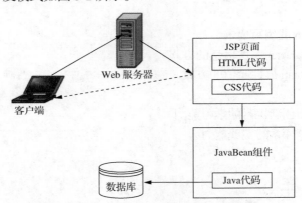

图 5-2　加入 JavaBean 组件后的开发模式

5.1.2　JavaBean 的种类

JavaBean 组件一般分为可视化组件和非可视化组件两种。

可视化组件可以是简单的 GUI 元素，如按钮或文本框，也可以是复杂的可视化组件，如数据报表等。非可视化组件没有 GUI 表现形式，它用于封装业务逻辑、数据库操作等。

JavaBean 技术最大的优点在于可以实现代码的可重用性。而现在，JavaBean 技术更多地应用于非可视化领域，同时，JavaBean 技术在服务器的应用也表现出强大的优势。

JavaBean 的非可视化组件可以很好地实现业务逻辑、控制逻辑与显示页面的分离，现在多用于后台业务处理，使得 Web 应用系统具有更好的健壮性与灵活性。

"JSP + JavaBean" 开发模式和 "JSP + JavaBean + Servlet" 的开发模式，成为当前开发Web 应用项目的主流模式。

下面让我们通过一个案例来了解非可视化的 JavaBean 组件的实现过程。

【例 5-1】创建名称为 User 的 JavaBean 类，用于封装用户名和密码。该类位于 jspSamples.unit5.javaBeanSamples 包中。

其代码如下。

```
package jspSamples.unit5.javaBeanSamples;
public class User {
private String username = null;
private String password = null;
public String getUsername() {
return username;
}
public void setUsername(String username) {
this.username = username;
}
public String getPassword() {
return password;
}
public void setPassword(String password) {
this.password = password;
}
public User() {
}
}
```

在 JavaBean 技术的开发规范中，要求 JavaBean 类必须提供默认无参数的构造方法。除了默认无参数的构造方法外，JavaBean 类也可以根据相应属性，提供其他功能的构造方法。

任务 5.2　JavaBean 的规则

本任务主要对 JavaBean 技术的开发规则进行讲解，主要内容包括：JavaBean 编写规范、JavaBean 编写要求、JavaBean 命名规范、JavaBean 的包和 JavaBean 的结构。

JavaBean 的规则

5.2.1　JavaBean 编写规范

JavaBean 组件类实际上是按照技术标准所制定的命名和设计规范编写的 Java 类。

这些类遵循一个接口格式，以便于对方法命名、定义行为，其最大的优点在于可以实现代码的可重用性。JavaBean 并不需要继承特别的基类或实现特定的接口。JavaBean 的编写规范是 JavaBean 的容器能够分析一个 Java 类文件，并将其方法翻译成属性，即把 Java 类作为一个 JavaBean 类来进行使用。

JavaBean 的编写规范包括 JavaBean 类的构造方法、定义属性和其他访问方法的编写规则。

5.2.2　JavaBean 编写要求

以下是 JavaBean 类的具体编写要求。

（1）所有的 JavaBean 的类必须放在一个包之中。

（2）JavaBean 的类必须是 public class 的类，物理文件名称应该与该类名称一致。

（3）所有属性必须封装。一个 JavaBean 的类不应有公共成员变量，类的成员变量性质都为私有的。

（4）属性值应该通过一组存取方法（即 getter()方法和 setter()方法）来供外部访问。

（5）JavaBean 类必须有一个不带参数的公用构造器，此构造器应该通过调用各个属性的设置方法来设置属性的默认值。

5.2.3　JavaBean 命名规范

以下是 JavaBean 的命名规范。

（1）包命名：名称中全部字母小写。

（2）类命名：名称中每个单词首字母大写，即使用驼峰命名法。

（3）属性名：名称中第一个单词全部小写，之后的每个单词首字母大写。

（4）方法名：与属性命名方法相同。

（5）常量名：名称中全部字母大写。

5.2.4　JavaBean 的包

包即 package，JavaBean 的包和 Java 语言中的包的含义基本上是一样的，但是也略有区别。

JavaBean 的包是用户自己定义的。每一个 JavaBean 类的源文件被编译成.class 文件后，都必须存放在与包结构相对应的文件夹结构之下。存放这个.class 文件的文件夹就是一个包。

JavaBean 的包必须存放在特定的目录下，每个 JSP 引擎都规定了存放 JavaBean 包的位置。不同的 JSP 引擎对 JavaBean 包的存放位置有不同的规定，例如在 Tomcat 中，JavaBean 的所有包都存放在 WEB-INF/classes 文件夹中。

如果存在多级目录结构，则需要将.class 文件所在目录的所有上级目录名都包含到包名称中，每一级目录名之间用英文标点"."隔开，示例代码如下。

```
package jsp.example.mybean;
```

5.2.5　JavaBean 的结构

属性即 JavaBean 类的成员变量，用于描述 JavaBean 生成的对象所处的状态。生成对象属性的值的改变将触发事件，属性本身就是事件源。

在 JavaBean 类中，函数和过程统称为方法。JavaBean 类生成的对象，通过方法来改变和获取属性的值。方法可以分为构造方法、访问方法和普通方法等。

事件实际上是一种特殊的 JavaBean。对象属性值的改变会触发事件，事件激发相关对象做出反应。使用者通过 JavaBean 提供的注册对象事件监听者机制，来接收、处理事件，实现与 JavaBean 之间的通信联系。

任务 5.3　JavaBean 的应用

本任务主要对 JavaBean 技术的常见应用进行讲解，主要内容包括：获取 JavaBean 的属性信息、对 JavaBean 属性赋值和 JavaBean 使用中的常见问题。

JavaBean 的应用

5.3.1　获取 JavaBean 的属性信息

在 JavaBean 类中，为了防止外部对象直接调用 JavaBean 属性，通常将JavaBean中的属性设置为私有的。但同时需要为属性提供公共的访问方法，也就是getter()方法。

<jsp:useBean>标记用于在指定的作用域范围内查找指定名称的JavaBean类实例化的对象。如果存在，则直接返回该JavaBean对象的引用；如果不存在，则实例化一个新的JavaBean对象，并将它以指定的名称存储到指定的作用域范围中。

其语法形式如下。

```
<jsp:useBean id="beanName" class="package.class" scope="page|request|session|application"/>
```

其中，id属性用于指定JavaBean实例化对象的引用名称和其存储在作用域范围中的名称；class属性用于指定JavaBean类的完整类名（即必须带有包名的类名）；scope属性用于指定JavaBean实例化对象所存储的作用域范围只能是page、request、session和application 4个值中的1个，其默认值为page。

<jsp:getProperty>标记用于读取JavaBean实例化对象的属性，也就是调用JavaBean对象的getter()方法。然后将其读取的属性值转换成字符串后插入输出的响应正文中。

其语法形式如下。

```
<jsp:getProperty name="beanInstanceName" property="PropertyName" />
```

其中，name属性用于指定JavaBean实例化对象的名称，其值应与<jsp:useBean>标记的id属性值相同；property属性用于指定JavaBean实例化对象的属性名。

下面通过案例来说明如何获取JavaBean实例化对象的属性信息。

【例5-2】在JSP页面中显示JavaBean对象的属性信息。

首先创建名称为Person的JavaBean类。在Person类中创建所需属性，并提供相应的getter()方法和setter()方法。

其核心代码如下。

```java
package jspSamples.unit5.javaBeanSamples;
/**
 * Person类就是一个简单的JavaBean
 */
public class Person {
//------------------Person类封装的私有属性--------------------------------
// 姓名 String 类型
private String name = "SimpleLee";
// 性别 String 类型
private String sex = "女";
// 年龄 int 类型
private int age = 30;
//是否已婚 boolean 类型
private boolean married = true;
//------------Person类的无参数构造方法------------------------------------
/**
 * 无参数构造方法
 */
public Person() {
}
```

```
//------------Person 类对外提供的用于访问私有属性的方法--------------------
public String getName() {
return name;
}
public void setName(String name) {
this.name = name;
}
public String getSex() {
return sex;
}
public void setSex(String sex) {
this.sex = sex;
}
public int getAge() {
return age;
}
public void setAge(int age) {
this.age = age;
}
public boolean getMaried {
return married;
}
public void setMarried(boolean married) {
this.married = married;
}
}
```

然后创建 JSP 页面 Person.jsp。在该页面中通过 JSP 的动作标记来获取 JavaBean 对象的属性信息。

其核心代码如下。

```
<%@page language="java" contentType="text/html;charset=UTF-8" pageEncoding="UTF-8"%>
<html>
<head>
<meta http-equiv="Content-Type" content="text/html;charset=UTF-8">
<title>PersonJSP</title>
</head>
<body>
<jsp:useBean id="person" class="jspSamples.unit5.javaBeanSamples.Person" scope="page">
</jsp:useBean>
<div>
<ul>
<li>
姓名:<jsp:getProperty property="name" name="person"/>
</li>
<li>
性别:<jsp:getProperty property="sex" name="person"/>
</li>
<li>
年龄:<jsp:getProperty property="age" name="person"/>
```

```
</li>
<li>
已婚: <jsp:getProperty property="married" name="person"/>
</li>
</ul>
</div>
</body>
</html>
```

在 JSP 页面中,主要通过<jsp:useBean>标记实例化 Person 类的 JavaBean 对象,然后使用<jsp:getProperty>标记获取 JavaBean 对象中的属性信息,其页面运行效果如图 5-3 所示。

图 5-3　例 5-2 的运行效果

5.3.2　对 JavaBean 对象属性赋值

编写 JavaBean 类要遵守 JavaBean 的规范。在 JavaBean 规范中,访问器 setter()方法用于对 JavaBean 实例化对象中的属性进行赋值。如果 JavaBean 类提供了 setter()方法,则在 JSP 页面中就可以通过<jsp:setProperty>标记对属性进行赋值。

给已经实例化的 JavaBean 对象的属性进行赋值,一共有 4 种方法,下面逐一进行介绍。

- <jsp:setProperty name="JavaBean 实例名" property="*" />,跟表单自动进行关联。

【例 5-3】使用 JSP 标记,自动关联 JavaBean 实例化对象提交的信息。

首先,创建含有表单的 form.jsp 页面,其中包含姓名、性别和年龄信息。

其核心代码如下。

```
<%@page contentType="text/html;charset=UTF-8" language="java" %>
<html>
<head>
<title>Title</title>
</head>
<body>
<%request.setCharacterEncoding("UTF-8");%>
<form action="work.jsp" method="post">
<table>
<tr>
<td>姓名:</td>
<!--这里的 name 属性的值一定要和 JavaBean 中相应属性的名字相同-->
<td><input type="text" name="name" value=""></td>
</tr>
<tr>
<td>性别:</td>
<td><input type="text" name="sex" value=""></td>
```

```
</tr>
<tr>
<td>年龄: </td>
<td><input type="text" name="age" value=""></td>
</tr>
<tr>
<td colspan="2" align="center"><input value="提交" type="submit"></td>
</tr>
</table>
</form>
</body>
</html>
```

页面的运行效果如图 5-4 所示。

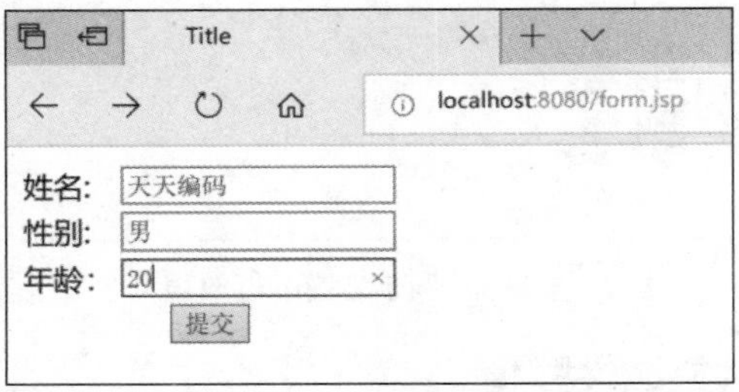

图 5-4 form.jsp 页面的运行效果

其次，创建 work.jsp 页面文件，通过<jsp:setProperty>标记自动匹配并取得用户填写表单中的信息值，将其显示在页面上。

其关键代码如下。

```
<%@page contentType="text/html;charset=UTF-8" language="java" %>
<html>
<head>
<title>Title</title>
</head>
<body>
<%request.setCharacterEncoding("UTF-8");%>
<jsp:useBean id="ps" class="jspSamples.unit5.javaBeanSamples.Person" scope="page"/>
<!--在这里因为前面 form 中的 name、sex、age 和 JavaBean 中一样，所以进行了自动匹配。
property="*"，表示匹配的属性是所有属性-->
<jsp:setProperty name="ps" property="*" />
姓名:<jsp:getProperty property="name" name="ps"/><BR>
性别:<jsp:getProperty property="sex" name="ps"/><BR>
年龄:<jsp:getProperty property="age" name="ps"/><BR>
</body>
</html>
```

其运行效果如图 5-5 所示。

此案例中 form.jsp 页面的表单里的内容将自动赋值匹配给 JavaBean 对象里面的各个属性。其中要特别注意的关键点是表单中的每个元素的 name 属性值一定跟 Person 这个 JavaBean 类中的每个属性名保持一致。

项目 ❺ JavaBean 技术的应用

图 5-5 work.jsp 页面的运行效果

- `<jsp:setProperty name="JavaBean 实例名" property="属性名" />`，手动跟表单进行关联。

【例 5-4】使用 JSP 标记，关联 JavaBean 实例化对象提交的信息，手动指定匹配哪个属性信息。

修改例 5-3 中的 work.jsp 页面，指定所需匹配的属性为 age 属性，并将其显示在页面上。

其核心代码如下。

```
<%@page contentType="text/html;charset=UTF-8" language="java" %>
<html>
<head>
<title>Title</title>
</head>
<body>
<%request.setCharacterEncoding("UTF-8");%>
<jsp:useBean id="ps" class="jspSamples.unit5.javaBeanSamples.Person"
scope="page"/>
<!--在这里因为 property="age"，所以只匹配了 age 属性，name 属性和 sex 属性的值为空-->
<jsp:setProperty name="ps" property="age" />
姓名:<jsp:getProperty property="name" name="ps"/><BR>
性别:<jsp:getProperty property="sex" name="ps"/><BR>
年龄:<jsp:getProperty property="age" name="ps"/><BR>
</body>
</html>
```

其运行效果如图 5-6 所示。

本例中 form.jsp 页面的`<jsp:setProperty name="ps" property="age" />`标记中的 property 属性的值为"age"，所以只匹配了 age 属性，年龄是有值的，而 name 属性和 sex 属性为空值。

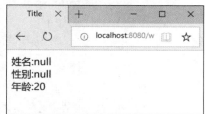

图 5-6 例 5-4 的运行效果

- `<jsp:setProperty name="JavaBean 实例名" property="属性名" value="指定的值"/>`，手动指定属性的值。

【例 5-5】使用 JSP 标记，关联 JavaBean 实例化对象提交的信息，并且手动在 JSP 页面中设置每个属性的值。

修改例 5-3 中的 work.jsp 页面，手动设置每个属性的值，并显示在该页面上。

其核心代码如下。

```
<%@page contentType="text/html;charset=UTF-8" language="java" %>
<html>
<head>
<title>Title</title>
```

119

```
</head>
<body>
<%request.setCharacterEncoding("UTF-8");%>
<jsp:useBean id="ps" class="jspSamples.unit5.javaBeanSamples.Person" scope="page"/>
<jsp:setProperty name="ps" property="name" value="手动设置的姓名"/>
<jsp:setProperty name="ps" property="sex" value="女"/>
<jsp:setProperty name="ps" property="age" value="22"/>
姓名:<jsp:getProperty property="name" name="ps" /><BR>
性别:<jsp:getProperty property="sex" name="ps" /><BR>
年龄:<jsp:getProperty property="age" name="ps" /><BR>
</body>
</html>
```

页面的运行效果如图 5-7 所示。

图 5-7 例 5-5 的运行效果

在本例中，手动指定了所有属性的 value 值，所以前一个 form.jsp 页面中提交的信息被新设置的属性值所取代。

- <jsp:setProperty name="JavaBean 实例名" property="属性名" param="request 中的参数名" />，实现跟 request 中的参数关联。

【例 5-6】创建带有参数的 JSP 表单页面，提交后使用参数所设置的值。

修改例 5-3 中的 form.jsp 页面，在 action 属性中设置提交 URL 处所传递的参数。

其表单部分的代码如下。

```
<form action="work.jsp?newname=SmpleLee" method="post">
<table>
<tr>
<td>姓名:</td>
<!--这里的 name 属性的值一定要和 JavaBean 中的 name 名字相同，sex 和 age 部分也是-->
<td><input type="text" name="name" value=""></td>
</tr>
<tr>
<td>性别:</td>
<td><input type="text" name="sex" value=""></td>
</tr>
<tr>
<td>年龄: </td>
<td><input type="text" name="age" value=""></td>
</tr>
```

项目 ❺ JavaBean 技术的应用

```
<tr>
<td colspan="2" align="center"><input value="提交" type="submit"></td>
</tr>
</table>
</form>
```

修改例 5-3 中的 work.jsp 页面，使用 param 属性取得所传递的参数值。

其核心代码如下。

```
<%@page contentType="text/html;charset=UTF-8" language="java" %>
<html>
<head>
<title>Title</title>
</head>
<body>
<%request.setCharacterEncoding("UTF-8");%>
<jsp:useBean id="ps" class="jspSamples.unit5.javaBeanSamples.Person" scope="page"/>
<jsp:setProperty name="ps" property="name" param="newname"/>
<jsp:setProperty name="ps" property="sex" />
<jsp:setProperty name="ps" property="age" />
姓名:<jsp:getProperty property="name" name="ps" /><BR>
性别:<jsp:getProperty property="sex" name="ps" /><BR>
年龄:<jsp:getProperty property="age" name="ps" /><BR>
</body>
</html>
```

其运行效果如图 5-8 所示。

图 5-8 例 5-6 的运行效果

在本例中，使用 param="newname"的设置，接收从 form.jsp 中传递的参数值，实现与 request 中参数关联的效果。

5.3.3 JavaBean 使用中的常见问题

JavaBean 技术在 JSP 页面中的应用十分广泛。在 JSP 页面中，经常使用 JavaBean 类对实体对象及其业务逻辑的处理进行封装。

在 JSP 页面中使用 JavaBean 技术时，经常会遇到一些普遍性的问题。下面对这些常见的问题进行逐一讲解。

1. JavaBean 技术在使用中的中文乱码问题

在 JSP 页面中，处理中文字符经常会出现乱码的现象，特别是通过表单传递中文数据时更容易产生这个问题。它的解决方法是将 request 内置对象的字符集指定为对应的中文字符集，并编写 JavaBean 类对中文乱码字符进行转码处理。

【例 5-7】编写对中文乱码字符进行处理的 JavaBean 类,解决图书登记系统中图书中文信息的乱码问题。

首先,创建名称为 Book 的类,放置在 jspSamples.unit5.javaBeanSamples 包中,实现对图书实体对象的封装。

其核心代码如下。

```
package jspSamples.unit5.javaBeanSamples;
public class Book {
//名称
private String title;
//简介
private String content;
public String getTitle() {
return title;
}
public void setTitle(String title) {
this.title = title;
}
public String getContent() {
return content;
}
public void setContent(String content) {
this.content = content;
}
```

其次,创建对字符进行编码处理的 CharactorEncoding 类,在此类中编写 toString()方法对字符进行编码处理。

其核心代码如下。

```
package jspSamples.unit5.javaBeanSamples;
import java.io.UnsupportedEncodingException;
public class CharactorEncoding {
public CharactorEncoding(){
}
/**
* 对字符进行转码处理
* @param str 要转码的字符串
* @return 编码后的字符串
*/
public String toString(String str){
//转换字符
String text = "";
//判断要转码的字符串是否有效
if(str != null && !"".equals(str)){
try {
//将字符串进行编码处理
text = new String(str.getBytes("iso8859-1"),"UTF-8");
} catch (UnsupportedEncodingException e) {
e.printStackTrace();
}
```

```
}
//返回后的字符串
return text;
}
}
```

接下来创建 book.jsp 页面,用于完成图书登记信息的填写。

其核心代码如下。

```
<%@page language="java" contentType="text/html;charset=UTF-8"
pageEncoding="UTF-8"%>
<html>
<head>
<meta http-equiv="Content-Type" content="text/html;charset=UTF-8">
<title>图书登记系统</title>
</head>
<body>
<form action="show.jsp" method="post">
<table align="center" width="450" height="260" border="1">
<tr>
<td align="center" colspan="2" height="40" >
<b>图书登记</b>
</td>
</tr>
<tr>
<td align="right">书名: </td>
<td>
<input type="text" name="title" size="30">
</td>
</tr>
<tr>
<td align="right">简介: </td>
<td>
<textarea name="content" rows="8" cols="40"></textarea>
</td>
</tr>
<tr>
<td align="center" colspan="2">
<input type="submit" value="登记">
</td>
</tr>
</table>
</form>
</body>
</html>
```

最后,创建 show.jsp 页面,用于对提交的图书登记信息进行处理。

其核心代码如下。

```
<%@page language="java" contentType="text/html;charset=UTF-8" pageEncoding=
"UTF-8"%>
<html>
<head>
```

```html
<meta http-equiv="Content-Type" content="text/html;charset=UTF-8">
<title>图书信息</title>
<style type="text/css">
#container{
width: 450px;
border: solid 1px;
padding: 20px;
}
#title{
font-size: 16px;
font-weight: bold;
color: #3399FF;
}
#content{
font-size: 12px;
text-align: left;
}
</style>
</head>
<body>
<jsp:useBean id="book" class="jspSamples.unit5.javaBeanSamples.Book">
</jsp:useBean>
<jsp:useBean id="encoding" class="jspSamples.unit5.javaBeanSamples.CharactorEncoding">
</jsp:useBean>
<jsp:setProperty property="*" name="book"/>
<div align="center">
<div id="container">
<div id="title">
<%= encoding.toString(book.getTitle())%>
</div>
<hr>
<div id="content">
<%= encoding.toString(book.getContent())%>
</div>
</div>
</div>
</body>
</html>
```

运行案例后，首先打开 book.jsp 页面，在图书登记系统中填写正确的中文信息，如图 5-9 所示。然后单击"登记"按钮，填写信息的表单即提交到 show.jsp 页面，如图 5-10 所示。

图 5-9　填写图书登记信息

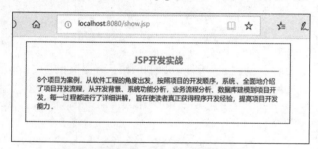

图 5-10　显示所填写的登记信息

项目 ❺ JavaBean 技术的应用

2. JavaBean 技术使用中把数组转换成字符串的问题

在应用开发中,经常需要将数组转换成为字符串进行使用,如表单中的复选框,在提交之后它就是一个数组对象。由于数组对象在业务逻辑处理中使用不方便,所以在实际应用过程中通常将其转换成字符串后再进行使用。

【例 5-8】创建将数组转换成字符串的 JavaBean 类,实现对"开发技术调研"表单中复选框数据的处理。

首先,创建名称为 Paper 的类,放置在 jspSamples.unit5.javaBeanSamples 包中,实现对实体对象的封装。

其核心代码如下。

```java
package jspSamples.unit5.javaBeanSamples;
import java.io.Serializable;
public class Paper implements Serializable {
private static final long serialVersionUID=1L;
private String[] languages;//定义保存编程语言的字符串数组
private String[] technics;//定义保存掌握技术的字符串数组
private String[] parts;//定义保存困难部分的字符串数组
public Paper(){
}
public String[] getLanguages() {
return languages;
}
public void setLanguages(String[] languages) {
this.languages = languages;
}
public String[] getTechnics() {
return technics;
}
public void setTechnics(String[] technics) {
this.technics = technics;
}
public String[] getParts() {
return parts;
}
public void setParts(String[] parts) {
this.parts = parts;
}
}
```

其次,创建将数组转换成字符串的 Convert 类,其中 arr2Str()方法实现将数组转换成指定格式的字符串。

其核心代码如下。

```java
package jspSamples.unit5.javaBeanSamples;
public class Convert {
/**
* 将数组转换为字符串
* @param arr 数组
* @return 字符串
```

125

```
*/
public String arr2Str(String[] arr){
StringBuffer sb=new StringBuffer();
if(arr!=null&&arr.length>0){
for(String s:arr){
sb.append(s);
sb.append(",");
}
if(sb.length()>0){
sb.deleteCharAt(sb.length()-1);
}
}
return sb.toString();
}
}
```

接下来创建放置"开发技术调研"填写信息所用的页面 gather.jsp,并把用户选择的调研结果提交到 reg.jsp 页面中。

其核心代码如下。

```
<%@page contentType="text/html;charset=UTF-8" language="java" %>
<html>
<head>
<title>gather</title>
</head>
<body>
<form action="reg.jsp" method="post">
<div>
<h1>开发技术调研</h1>
<hr/>
<ul>
<li>你经常用哪些编程语言开发程序</li>
<li>
<input type="checkbox" name="languages" value="JAVA">JAVA
<input type="checkbox" name="languages" value="PHP">PHP
<input type="checkbox" name="languages" value=".NET">.NET
<input type="checkbox" name="languages" value="Python">Python
</li>
</ul>
<ul>
<li>你目前掌握的技术:</li>
<li>
<input type="checkbox" name="technics" value="HTML">HTML
<input type="checkbox" name="technics" value="JAVA BEAN">JAVA BEAN
<input type="checkbox" name="technics" value="JSP">JSP
<input type="checkbox" name="technics" value="Sping MVC">Spring MVC
</li>
</ul>
<ul>
<li>在学习中有哪一部分感觉有困难:</li>
<li>
<input type="checkbox" name="parts" value="JSP">JSP
<input type="checkbox" name="parts" value="STRUTS">STRUTS
```

```
</li>
</ul>
<input type="submit" value="提交">
</div>
</form>
</body>
</html>
```

最后,创建名为 reg.jsp 的页面,用于对表单提交的技术调研结果进行处理,并将结果显示出来。

其核心代码如下。

```
<%@page contentType="text/html;charset=UTF-8" language="java" %>
<html>
<head>
<title>Reg</title>
</head>
<body>
<jsp:useBean id="paper" class="jspSamples.unit5.javaBeanSamples.Paper">
</jsp:useBean>
<jsp:useBean id="convert" class="jspSamples.unit5.javaBeanSamples.Convert">
</jsp:useBean>
<jsp:setProperty name="paper" property="*"></jsp:setProperty>
<div>
<h1>开发技术调研结果</h1>
<hr/>
<ul>
<li>
你经常使用的编程语言:<%=convert.arr2Str(paper.getLanguages())%>
</li>
<li>
你目前掌握的技术:<%=convert.arr2Str(paper.getTechnics())%>
</li>
<li>
在学习中感觉有困难的部分:<%=convert.arr2Str(paper.getParts())%>
</div>
</li>
</ul>
</body>
</html>
```

运行 gather.jsp 页面,首先用户根据自己的实际情况对技术调研内容进行选择,如图 5-11 所示。然后,单击"提交"按钮,将信息发送到 reg.jsp 页面进行处理后显示,如图 5-12 所示。

图 5-11 用户选择调研信息

图 5-12 提交信息后的结果显示

拓展实训任务

任务 5.4　拓展实训任务

本任务为实现加、减、乘、除计算器的实训任务，将之前学习过的 JavaBean 技术的基础语法知识点结合起来进行应用。通过拓展实训环节，强化 JavaBean 技术基础语法知识点的实际应用能力。

5.4.1　拓展实训任务简介

初步认识了 JavaBean 技术的基本语法之后，下面通过实训练习来强化 JavaBean 技术在 JSP 页面中的使用方法。

在日常工作和生活中，经常遇到一些数字计算的问题。计算器可以帮助我们快速、准确地完成计算过程，给出所需的计算结果。下面，我们使用 JavaBean+JSP 的方式，实现一个简单的计算器功能。

基本要求：定义计算器的 JavaBean 类，按照 JavaBean 类的书写规则，实现加、减、乘、除功能；创建 JSP 页面，设置供使用者输入参与计算的数据的文本框和选择计算规则的下拉列表框；使用者单击"计算"按钮后，调用 JavaBean 类实现相关的计算，并在 JSP 页面显示最终计算结果，如图 5-13 所示。

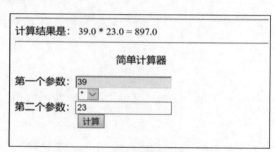

图 5-13　简单计算器的运行效果

5.4.2　拓展实训任务实现

1. 准备工作

启动 IDEA，创建 Web 应用。在 Web 应用的 src 目录结构下创建名为 exp5 的包。在创建的包中，创建实现简单计算器功能的 JavaBean 类 calculater.java 文件，创建完成与使用者交互的 JSP 页面 index.jsp。

2. JavaBean 类的制作

在已经创建的 calculater.java 文件中添加代码，完成简单计算器类的制作。

calculater.java 文件的核心代码如下。

```
package exp5;
public class calculater {
float num1; // 参数1
int operator; // 运算符
float num2; // 参数2
float result; // 运算结果
```

```java
public calculater() {
super();
}
public float getNum1() {
return num1;
}
public void setNum1(float num1) {
this.num1 = num1;
}
public int getOperator() {
return operator;
}
public void setOperator(int operator) {
this.operator = operator;
}
public float getNum2() {
return num2;
}
public void setNum2(float num2) {
this.num2 = num2;
}
public float getResult() {
float result1 = 0;
try {
switch (operator) {
case 1:
result1 = num1 + num2;
break;
case 2:
result1 = num1 - num2;
break;
case 3:
result1 = num1 * num2;
break;
case 4:
result1 = num1 / num2;
break;
default:
break;
}
} catch (Exception e) {
e.getMessage();
}
return result1;
}
}
```

3. JSP 页面的制作

在已经创建的 index.jsp 页面文件中添加代码，完成 JSP 页面的制作。

index.jsp 页面文件的核心代码如下。

```jsp
<%@page language="java" contentType="text/html;charset=UTF-8"
pageEncoding="UTF-8"%>
<html>
<head>
<meta http-equiv="Content-Type" content="text/html;charset=UTF-8">
<title>Insert title here</title>
</head>
<body>
<jsp:useBean id="calculater" scope="request" class="exp5.calculater" />
<jsp:setProperty name="calculater" property="*" />
<form action="index.jsp" method="get">
<hr align="left" style="width: 400px;">
计算结果是:
<span>
<%
if(request.getParameter("operator") != null){
String operator = request.getParameter("operator");
int oper = Integer.parseInt(operator);
if(oper == 4 && calculater.getNum2() == 0){
out.print("出错,除数不能为零! ");
}else{
%>
<%=calculater.getNum1()%>
<%
if(oper == 1) out.print("+");
if(oper == 2) out.print("-");
if(oper == 3) out.print("*");
if(oper == 4) out.print("/");
%>
<%=calculater.getNum2()%>
=
<%=calculater.getResult()%>
<%
}
}
%>
</span>
<!--表达式显示 -->
<hr align="left" style="width: 400px;">
<div align="left" style="width: 400px;">
<p align="center">简单计算器</p>
第一个参数: <input type="text" name="num1" /><br>
<div style="padding-left: 100px;">
<select name="operator">
<option value="1">+</option>
<option value="2">-</option>
<option value="3">*</option>
<option value="4">/</option>
</select>
</div>
第二个参数: <input type="text" name="num2" /><br>
```

项目 ❺ JavaBean 技术的应用

```
<input type="submit" value="计算" style="margin-left: 100px;" />
</div>
</form>
</body>
</html>
```

项目小结

本项目主要介绍了 JavaBean 的常见种类、JavaBean 的编写规范和主要结构、获取 JavaBean 的属性信息方式、对 JavaBean 属性赋值的方式和解决 JavaBean 使用中常见问题的技术手段。通过对本项目的学习，大家对 JavaBean 技术有了初步的了解，并能完成 JavaBean 在 JSP 页面中的相关应用，为后面的学习打下坚实的基础。

考核与评价

表 5-1 用于记录学习完成人在学习过程中的形成性表现，主要围绕能力素养、知识点掌握和其他表现等情况进行综合性评价。能力考核点从理解学习目标的能力、自主逻辑思维的能力、吸收知识的能力、编写项目程序的能力、解决问题的能力、总结反思的能力 6 个维度进行相关的评价。知识考核点从 JavaBean 类的编写规则、获取 JavaBean 的属性信息、对 JavaBean 属性赋值、JavaBean 使用中的常见问题 4 个维度进行相关的评价。表现考核点从学习出勤情况、学习态度情况、学习纪律情况 3 个维度进行相关的评价。综合性评价可以分为优、良、中、合格和不合格 5 个等级。学习指导者可以根据学习完成人在本项目学习过程中的具体表现，在表 5-1 中给出相关部分的评语、得分和综合性评价。

表 5-1　考核与评价表

项目名称			学习完成人	
学习时间			综合性评价	
能力素养情况评分（40 分）				
序号	能力考核点	评语	配分	得分
1	理解学习目标的能力		5	
2	自主逻辑思维的能力		5	
3	吸收知识的能力		5	
4	编写项目程序的能力		10	
5	解决问题的能力		10	
6	总结反思的能力		5	
知识点掌握情况评分（40 分）				
序号	知识考核点	评语	配分	得分
1	JavaBean 类的编写规则		5	
2	获取 JavaBean 的属性信息		10	
3	对 JavaBean 属性赋值		15	
4	JavaBean 使用中的常见问题		10	

其他表现情况评分（20 分）				
序号	表现考核点	评语	配分	得分
1	学习出勤情况		5	
2	学习态度情况		10	
3	学习纪律情况		5	

课后习题

1. 填空题

（1）_____和 JSP 相结合，可以实现表现层和商业逻辑层的分离。

（2）在 JSP 中可以使用_____操作来设置 JavaBean 的属性，也可以使用_____操作来获取 JavaBean 的值。

（3）JavaBean 有 4 个 scope，它们分别为_____、_____、_____和_____。

2. 选择题

（1）关于 JavaBean 正确的说法是（　　）。

    A．Java 文件与 JavaBean 所定义的类名可以不同，但一定要注意区分字母的大小写

    B．在 JSP 文件中引用 JavaBean，其实就是用<jsp:useBean>语句

    C．被引用的 JavaBean 类的文件扩展名为.java

    D．JavaBean 类的文件放在任何目录下都可以被引用

（2）在 JSP 中调用 JavaBean 时不会用到的标记是（　　）。

    A．<javabean>　　　　　　　　　　　B．<jsp:useBean>

    C．<jsp:setProperty>　　　　　　　　D．<jsp:getProperty>

（3）在项目中已经建立了一个 JavaBean，该类名称为 bean.Student，具有 name 属性，则下面标记用法正确的是（　　）。

    A．<jsp:useBean id="student" class="Student" scope="session"></jsp:useBean>

    B．<jsp:useBean id="student" class="Student" scope="session">hello student!</jsp:useBean>

    C．<jsp:useBean id="student" class="bean.Student" scope="session">hello student!</jsp:useBean>

    D．<jsp:getProperty name="name" property="student"/>

（4）如果使用标记<jsp:getProperty name="beanName" property="propertyName"/>准备取出 JavaBean 对象的属性值，但 propertyName 属性值在 beanName 中不存在，也就是说在 beanName 中没有这样的属性名 propertyName，也没有 getPropertyName()方法，那么浏览器中会显示（　　）。

    A．错误页面　　　B．null　　　C．0　　　D．什么也没有

（5）（　　）范围将使 Bean 一直保留到其到期或被删除为止。

    A．page　　　B．session　　　C．application　　　D．request

项目 ❺ JavaBean 技术的应用

3．判断题

（1）<jsp:getProperty>中的 name 及 property 区分大小写。　　　　　　（　）

（2）在 JavaBean 中有很多方法，其中包含了主方法。　　　　　　　　（　）

（3）JavaBean 中的属性既可以是 public 的，也可以是 private 的。　　　　（　）

（4）编写 JavaBean 可以先不必加入 JSP 程序中调用，而直接用 main()方法进行调试，调试好后就可以在 JSP 中使用了。　　　　　　　　　　　　　　　　　　（　）

4．简答题

（1）给已经实例化的 JavaBean 对象的属性赋值，有哪 4 种形式？

（2）JavaBean 类的编写要求有哪些？

（3）JavaBean 类的命名规范是什么？

项目 6 Servlet 技术的应用

随着 Web 应用业务需求的增多，动态 Web 资源的开发变得越来越重要。目前，很多公司都提供了开发动态 Web 资源的相关技术，其中比较常见的有 ASP、PHP、JSP 等。对于基于 Java 的动态 Web 资源开发，Sun 公司提供了 Servlet 技术，本项目将对 Servlet 技术的相关知识进行详细讲解。

学习目标

知识目标
1. 了解 Servlet 的生命周期
2. 掌握 Servlet 技术的特点及其接口

能力目标
1. 掌握 Servlet 接口及其实现类的使用
2. 掌握 Servlet 虚拟路径的配置

素养目标
1. 培养具有主观能动性的学习能力
2. 培养具有工匠精神的实践能力

课堂与人生

精益求精，一丝不苟。

任务 6.1　Servlet 技术概述

本任务主要对 Servlet 进行一个面的了解，主要内容包含 Servlet 简介、Servlet 的生命周期以及 Servlet 技术的特点。

6.1.1　Servlet 简介

Servlet 是 Server 与 Applet 的缩写，是服务器小程序的意思，是 Sun 公司提供的一种用于开发动态 Web 资源的技术。Servlet 是基于 Java 语言的 Web 编程技术，部署在服务器的 Web 容器里，获取客户端的访问请求，并根据请求生成响应信息返回客户端。Java Web 应用程序请求处理流程如图 6-1 所示。Servlet 是平台独立的 Java 类，

项目 6 Servlet 技术的应用

编写一个 Servlet，实际上就是按照 Servlet 规范编写一个 Java 类。Servlet 被编译为平台独立的字节码，可以被动态地加载到支持 Java 技术的 Web 服务器中运行。

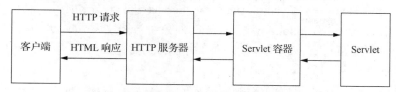

图 6-1 Java Web 应用程序请求处理流程

Servlet 容器（也称为 Servlet 引擎）是 Web 服务器或应用程序服务器的一部分，用于在发送的请求和响应之上提供网络服务，解码基于多用途互联网邮件扩展（Multipurpose Internet Mail Extensions，MIME）的请求，格式化基于 MIME 的响应。

Servlet 不能独立运行，必须被部署到 Servlet 容器中，由容器来实例化和调用 Servlet 的方法。

Tomcat 是 Web 应用服务器，是一个 Servlet/JSP 容器。Tomcat 作为 Servlet 容器，负责处理客户请求，把请求传送给 Servlet，并将 Servlet 的响应传送回客户，而 Servlet 是一种运行在支持 Java 语言的服务器上的组件。Servlet 最常见的用途是扩展 Java Web 服务器功能，提供非常安全的、可移植的、易于使用的 CGI 替代品。

Servlet 的主要功能如下。
- 读取客户端发送到服务器的显式数据（表单数据）。
- 读取客户端发送到服务器的隐式数据（请求报头）。
- 服务器发送显式的数据到客户端（HTML）。
- 服务器发送隐式的数据到客户端（状态代码和响应报头）。

6.1.2 Servlet 的生命周期

应用程序中的对象不仅在空间上有层次结构的关系，在时间上也会因为处于程序运行过程中的不同阶段而表现出不同状态和不同行为，这就是对象的生命周期。

Servlet 对象是 Servlet 容器创建的，生命周期方法都由容器调用。这点和之前所编写的代码有很大不同。在今后的学习中我们会看到，越来越多的对象交给容器或框架来创建，越来越多的方法由容器或框架来调用，开发人员要尽可能多地将精力放在业务逻辑的实现上。

1. Servlet 的生命周期阶段

一个 Servlet 的生命周期由部署该 Servlet 的容器负责，除此之外，容器还提供请求分发、安全、并发控制等服务。Servlet 的生命周期可分为加载和实例化、初始化、请求处理、卸载 4 个阶段，当特定的请求被容器映射到某个 Servlet 时，容器会做以下操作。

（1）加载和实例化。

当启动 Servlet 容器时，容器首先查找一个配置文件 web.xml，这个文件记录了可以提供服务的 Servlet。每个 Servlet 被指定一个 Servlet 名，也就是这个 Servlet 实际对应的 Java 的完整 class 文件名。Servlet 容器会为每个自动装入选项的 Servlet 创建一个实例。所以，每个 Servlet 类必须有一个公共的无参数的构造器。

（2）初始化。

当 Servlet 被实例化后，Servlet 容器将调用每个 Servlet 的 init()方法来实例化每个实例，执行完 init()方法之后，Servlet 处于"已初始化"状态。所以说，一旦 Servlet 被实例化，那么必将调用 init()方法。Servlet 在启动后不立即初始化，而是收到请求后进行。在 web.xml 文件中用<load-on-statup>……</load-on-statup>对 Servlet 进行预先初始化。初始化失败后，执行 init()方法抛出 ServletException 异常，Servlet 对象将会被垃圾回收器回收，当客户端第一次访问服务器时加载 Servlet 实现类，创建对象并执行初始化方法。

（3）请求处理。

Servlet 被初始化以后，就处于能响应请求的就绪状态。每个对 Servlet 的请求由一个 ServletRequest 对象代表。Servlet 给客户端的响应由一个 ServletResponse 对象代表。对于到达客户端的请求，服务器创建特定于该请求的一个"请求"对象和一个"响应"对象。调用 service()方法，这个方法可以调用其他方法来处理请求。

service()方法会在服务器被访问时调用，在 Servlet 对象的生命周期中 service()方法可能被多次调用。由于 web-server 启动后，服务器中公开的部分资源将处于网络中，当网络中的不同主机（客户端）并发访问服务器中的同一资源时，服务器将开设多个线程处理不同的请求，多线程同时处理同一对象时，有可能出现数据并发访问的错误。

另外需注意，多线程难免同时处理同一变量（如对同一文件进行写操作），且有读写操作时，必须考虑是否需要添加同步操作。添加同步操作时，添加范围不要过大，否则有可能使程序变为纯粹的单线程，大大削弱系统性能，只需要做到多个线程安全地访问相同的对象就可以了。

（4）卸载。

当服务器不再需要 Servlet 实例或重新装入时，会调用 destroy()方法，使用这个方法，Servlet 可以释放掉所有 init()方法申请的资源。一个 Servlet 实例一旦终止，就不允许再次被调用，只能等待被卸载。

Servlet 一旦终止，Servlet 实例即可被垃圾回收器回收，处于"卸载"状态。如果 Servlet 容器被关闭，Servlet 也会被卸载。一个 Servlet 实例只能初始化一次，但可以创建多个相同的 Servlet 实例，如相同的 Servlet 可以在根据不同的配置参数连接不同的数据库时创建多个实例。

2．与 Servlet 生命周期有关的方法

在 javax.servlet.Servlet 接口中，定义了针对 Servlet 生命周期最重要的 3 个方法，按照顺序依次是 init()方法、service()方法和 destroy()方法。

（1）init()方法。

该方法是 HttpServlet 类中的方法，可以在 Servlet 类中重写这个方法。init()方法的声明格式如下。

```
public void init(ServletConfig config) throws ServletException
```

Servlet 对象第一次被请求加载时，服务器创建一个 Servlet 对象，这个对象调用 init()方法完成必要的初始化工作。该方法在执行时，服务器会把一个 ServletConfig 类型的对象传递给 init()方法，这个对象就被保存在 Servlet 对象中，直到 Servlet 对象被销毁。这个 ServletConfig 对象负责向 Servlet 传递服务设置信息，如果传递失败就会发生 ServletException 异常，Servlet 对象就不能正常工作。init()方法只被调用一次，即在 Servlet 第一次被请求加载时调用该方法。

（2）service()方法。

该方法是 HttpServlet 类中的方法，可以在 Servlet 类中直接继承该方法或重写该方法。

service()方法的声明格式如下。

```
public void service(HttpServletRequest request,HttpServletResponse response)
throw ServletException,IOException
```

当 Servlet 对象成功创建和初始化之后,该对象就调用 service()方法来处理用户的请求并返回响应。服务器将两个对象传递给该方法,一个是 HttpServletRequest 类型的对象,该对象封装了用户的请求信息;另外一个是 HttpServletResponse 类型的对象,用来响应用户的请求。和 init()方法不同的是,service()方法可能被多次调用。我们已经知道,当后续的客户请求该 Servlet 对象服务时,服务器将启动一个新的线程,在该线程中,Servlet 对象调用 service()方法响应客户的请求,也就是说,每个客户的每次请求都导致 service()方法被调用,调用过程运行在不同的线程中,互不干扰。因此,不同线程的 service()方法中的局部变量互不干扰,一个线程改变了自己的 service()方法中局部变量的值不会影响其他线程的 service()方法中的局部变量。

(3) destroy()方法。

当服务器关闭或 Web 应用被移除出容器时,Servlet 随着 Web 应用的销毁而销毁。在销毁 Servlet 之前,Servlet 容器会调用 Servlet 的 destroy()方法,以便让 Servlet 对象释放它所占用的资源。在 Servlet 的整个生命周期中,destroy()方法也只被调用一次。需要注意的是,Servlet 对象一旦创建就会驻留在内存中等待客户端的访问,直到服务器关闭,或 Web 应用被移除出容器时,Servlet 对象才会被销毁。

Servlet 的处理过程如图 6-2 所示。

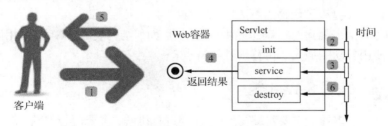

图 6-2　Servlet 的处理过程

6.1.3　Servlet 技术的特点

JSP 和 Servlet 的区别到底在应用上有哪些体现,很多人搞不清楚。简单地说,Sun 公司首先开发出 Servlet,其功能比较强劲,体系设计也很先进,只是它输出 HTML 语句还是采用了旧的 CGI 方式,是一句一句地输出的,所以编写和修改 HTML 非常不方便。

JSP 是一种实现普通静态 HTML 和动态 HTML 混合编码的技术,其并没有增加任何本质上不能用 Servlet 实现的功能。但是,在 JSP 中编写静态 HTML 更加方便,不必再用 println 语句来输出每一行 HTML 代码。更重要的是,借助内容和外观的分离,页面制作中不同性质的任务可以方便地分开。比如,由页面设计者进行 HTML 设计,同时留出供 Servlet 程序员插入动态内容的空间。

既然 JSP 和 Servlet 都有自身的适用环境,那么能否扬长避短,让它们发挥各自的优势呢?答案是肯定的——模型-视图-控制器(Model-View-Controller,MVC)模式非常适合解决这一问题。

MVC 模式是软件工程中的一种软件架构模式,把软件系统分为 3 个基本部分:模型

(Model)、视图(View)和控制器(Controller)。
- Model：业务功能编写(例如算法实现)、数据库设计以及数据存取操作实现。
- View：负责界面显示。
- Controller：负责转发请求，对请求进行处理。

在 JSP/Servlet 开发的软件系统中，这 3 个部分的描述如图 6-3 所示。

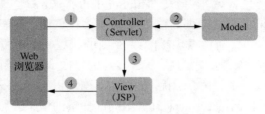

图 6-3 MVC 模式

（1）Web 浏览器发送 HTTP 请求到服务器，被 Servlet 获取并进行处理（例如参数解析、请求转发）。

（2）Controller(Servlet)调用核心业务逻辑——Model 部分，获得结果。

（3）Controller(Servlet)将逻辑处理结果交给 JSP，动态输出 HTML 内容。

（4）动态生成的 HTML 内容返回浏览器显示。

MVC 模式在 Web 开发中的好处非常明显，它规避了 JSP 与 Servlet 各自的短板，Servlet 只负责业务逻辑而不会通过 out.append()动态生成 HTML 代码，在 JSP 中也不会充斥着大量的业务代码。这大大提高了代码的可读性和可维护性。

Servlet 程序在服务器运行，动态地生成 Web 页面。与传统的 CGI 技术相比，Servlet 具有高效率、易使用、功能强大、可移植性等特点。

任务 6.2 编写 Servlet 类

编写 Servlet 类

本任务主要对编写 Servlet 类进行讲解，主要内容包括：Servlet 类的结构和建立 Servlet 类。

6.2.1 Servlet 类的结构

对于有一定 Java 基础的人，编写创建 Servlet 对象的类并不困难，因为编写一个创建 Servlet 对象的类就是编写一个特殊类的子类，这个特殊类就是 javax.servlet.http 包中的 HttpServlet 类。HttpServlet 类可实现 Servlet 接口，也可实现响应用户的方法。HttpServlet 类的子类被习惯地称为一个 Servlet 类，这样的类创建的对象习惯性地被称为一个 Servlet 对象。HttpServlet 类的常用方法如表 6-1 所示。

表 6-1 HttpServlet 类的常用方法

方法	说明
protected void doGet(HttpServletRequest req, HttpServletResponse resp)	用于处理 GET 类型的 HTTP 请求的方法
protected void doPost(HttpServletRequest req, HttpServletResponse resp)	用于处理 POST 类型的 HTTP 请求的方法

项目 ❻　Servlet 技术的应用

客户在使用表单提交数据到服务器的时候有两种方法可供选择：一个是 post()，一个是 get()。可在<form>中的 method 属性中指定提交的方法，如<form action="inputForm" method="get">，如果不指定 method 属性，则默认该属性为 get()方法。使用 get()方法和 post()方法都能够提交数据，那么它们有什么不同呢？

（1）通过 get()方法提交的数据有大小的限制，通常在 1024 字节左右，也就是说如果提交的数据很大，用 get()方法就需要小心；而 post()方法没有数据大小的限制，理论上传送多少数据都可以。

（2）通过 get()方法传递数据，实际上是将传递的数据按照"key=value"的方式跟在 URL 的后面来达到传送的目的；而通过 post()方法传递数据是通过 HTTP 请求的附件进行的，将表单内各个字段与其内容放置在 HTML HEADER 内一起传送到 action 属性所指的 URL，在 URL 中并没有明文显示。

（3）通过 get()方法提交的数据安全性不高，而 post()方法更加安全。

（4）编码转换在 request 请求里面，get()方法得到的内容每一个都要进行编码转换，需要设置 Tomcat 编码；而 post()方法只要设置 request.setCharacterEncoding("UTF-8")就可以。

（5）对于 get()方法，服务器用 Request.QueryString 获取变量的值；对于 post()方法，服务器用 Request.Form 获取提交的数据。

在 Servlet 接口中的 service(ServletRequest request,ServletResponse response)方法中有一个 ServletRequest 类型的参数。ServletRequest 类表示来自客户端的请求。当 Servlet 容器接收到客户端要求访问特定 Servlet 的请求时，容器先解析客户端的原始请求数据，把它包装成一个 ServletRequest 对象。当容器调用 Servlet 对象的 service()方法时，就可以把 ServletRequest 对象作为参数传给 service()方法。

ServletRequest 接口提供了一系列用于读取客户端请求数据的方法，如表 6-2 所示。

表 6-2　ServletRequest 接口的常用方法

方法	说明
getContentType()	获得请求正文的 MIME 类型。如果请求正文的类型未知，则返回 NULL
getParameter(String name)	根据给定的请求参数名，返回来自客户请求中的匹配的请求参数值
setAttribute(String name,Object object)	在请求范围内保存一个属性，参数 name 标识属性名，参数 object 标识属性值
getAttribute(String name)	根据 name 参数给定的属性名，返回请求范围内的匹配的属性值
removeAttribute(String name)	从请求范围内删除一个属性

HttpServletRequest 接口是 ServletRequest 接口的子接口。HttpServlet 类的重载方法 service()及 doGet()和 doPost()方法都有一个 HttpServletRequest 类型的参数，代码如下。

```
protected void service(HttpServletRequest req, HttpServletResponse resp) throws
ServletException,IOException{......}
```

HttpServletRequest 接口提供了用于读取 HTTP 请求的相关信息的方法，如表 6-3 所示。

表 6-3 HttpServletRequest 接口的常用方法

方法	说明
getCookies()	返回 HTTP 请求中的所有的 Cookie
getContextPath()	返回客户端所请求访问的 Web 应用的 URL 入口。例如，如果客户端访问的 URL 为 http://localhost:8080/helloapp/info，那么返回 "/helloapp"
getHeader(String name)	返回 HTTP 请求头部的特定项
getHeaderNames()	返回一个 Enumeration 对象，它包含 HTTP 请求头部的所有项目名
getMethod()	返回 HTTP 请求方式
getRequestURI()	返回 HTTP 请求的头部的第 1 行中的 URI
getQueryString()	返回 HTTP 请求中的查询字符串，即 URL 中的 "?" 后面的内容。例如，如果客户端访问的 URL 为 http://localhost:8080/helloapp/info?username=tom，那么该方法返回 "username=tom"

根据 Servlet API 来创建 Servlet，无须费力地解析原始 HTTP 请求，此工作完全由 Servlet 容器来代劳。Servlet 容器把 HTTP 请求包装成 HttpServletRequest 对象，Servlet 只需调用该对象的 getXXX()方法，就能轻轻松松地读取到 HTTP 请求中的各种数据。

在 Servlet 接口的 service(ServletReuqest req,ServletResponse res)方法中还有一个 ServletResponse 类型的参数。Servlet 通过 ServletResponse 对象来生成响应结果。当 Servlet 容器接收到客户端要求访问特定 Servlet 的请求时，容器会创建一个 ServletResponse 对象，并把它作为参数传给 Servlet 的 service()方法。

Servlet 通过 ServletResponse 对象主要产生 HTTP 响应结果的正文部分。为了提高输出数据的效率，ServletOutputStream 和 PrintWriter 先把数据写到缓存区内，当缓存区内的数据被提交给客户后，ServletResponse 的 isCommitted()方法返回 true。

在以下几种情况中，缓存区内的数据会被提交给客户，即数据被发送到客户端。

（1）当缓存区内的数据已满时，ServletOutputStream 或 PrintWriter 会自动把缓存区内的数据发送给客户端，并且清空缓存区。

（2）Servlet 调用 ServletResponse 对象的 flushBuffer()方法。

（3）Servlet 调用 ServletOutputStream 对象或 PrintWriter 对象的 flush()或 close()方法。

为了确保 ServletOutputStream 或 PrintWriter 输出的所有的数据都会被提供给客户，比较安全的做法是在所有的数据都输出完毕后，调用 ServletOutputStream 或 PrintWriter 的 close()方法。

需要注意的是，如果要设置响应正文的 MIME 类型和字符编码，必须先调用 ServletResponse 对象的 setContentType()和 setCharacterEncoding()方法，然后调用 ServletResponse 的 getOutputStream()或 getWriter()方法，或者提交缓存区内的正文数据。只有满足这样的操作顺序，所做的设置才能生效。

ServletResponse 接口中定义了一系列与生成响应相关的方法，如表 6-4 所示。

项目 6 Servlet 技术的应用

表 6-4 ServletResponse 接口的常用方法

方法	说明
setCharacterEncoding(String charset)	设置响应正文的字符编码。响应正文的默认字符编码为 ISO-8859-1
setContentLength(int len)	设置响应正文的长度
setContentType(String type)	设置响应正文的 MIME 类型
getCharacterEncoding()	返回响应正文的字符编码
getContentType()	返回响应正文的 MIME 类型
setBufferSize(int size)	设置用于存放响应正文数据的缓存区的大小
getBufferSize()	获得用于存放正文数据的缓存区的大小
reset()	清空缓存区内的正文数据,清空响应状态代码及响应头
resetBuffer()	仅仅清空缓存区内的正文数据,不清空响应状态代码及响应头
flushBuffer()	强制性地把缓存区内的响应正文数据发送到客户端
isCommitted()	返回 boolean 类型的值。如果为 true,表示缓存区内的数据已经提交给客户,即数据已经发送到客户端
getOutputStream()	返回一个 ServletOutputStream 对象,Servlet 用它来输出二进制的正文数据
getWriter()	返回一个 PrintWriter 对象,Servlet 用它来输出字符串形式的正文数据

HttpServletResponse 接口是 ServletResponse 的子接口,HttpServlet 类的重载方法 service() 方法及 doGet()和 doPost()方法都有一个 HttpServletResponse 类型的参数,代码如下。

```
protected void service(HttpServletRequest req,HttpServletResponse resp) throws
ServletException,IOException{......}
```

HttpServletResponse 接口提供了与 HTTP 协议相关的一些方法,Servlet 可通过这些方法来设置 HTTP 响应头或向客户端写 Cookie。

需要注意的是:ServletResponse 中的响应正文的默认 MIME 类型为 text/plain,即纯文本类型。而 HttpServletResponse 中的响应正文的默认 MIME 类型为 text/html,即 HTML 文档类型。HttpServletResponse 接口的常用方法,如表 6-5 所示。

表 6-5 HttpServletResponse 接口的常用方法

方法	说明
addHeader(String name, String value)	向 HTTP 响应头中加入一项内容
sendError(int sc)	向客户端发送一个代表特定错误的 HTTP 响应状态码
sendError(int sc,String msg)	向客户端发送一个代表特定错误的 HTTP 响应状态码,并且发送具体的错误信息
setHeader(String name,String value)	设置 HTTP 响应头的一项内容。如果在响应头中已经存在这项内容,那么原先所做的设置将被覆盖
setStatus(int sc)	设置 HTTP 的状态响应码
addCookie(Cookie cookie)	向 HTTP 响应中加入一个 Cookie

6.2.2 建立 Servlet 类

接下来，我们用一个 Servlet 程序，来演示其实现的过程。

【例 6-1】编写一个简单的 Servlet 类。

1. 创建工程

本书编写 Servlet 的开发工具为 IDEA，在工具的主界面中选择"File"→"New"→"Project"，然后在"Project Name"文本框中输入项目名称，创建一个项目，如图 6-4 所示。单击"Finish"按钮后出现编辑页面。其中 src 是放置源代码包的，下面存放项目源代码，默认新建一个 index.jsp 页面，web.xml 位于 WEB-INF 文件夹下，用于存放 Servlet 的配置信息。

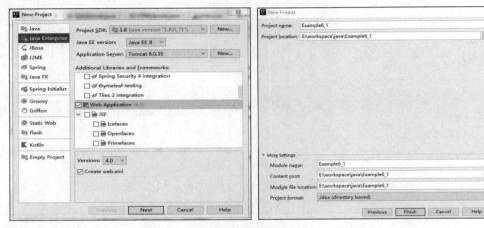

图 6-4 创建项目

2. 工程设置

（1）在 WEB-INF 目录上单击右键，选择"New"→"Directory"，创建 classes 和 lib 两个文件夹，其中 classes 文件夹用于存放编译后的 class 文件，lib 文件夹用于存放依赖的 jar 包，如图 6-5 所示。

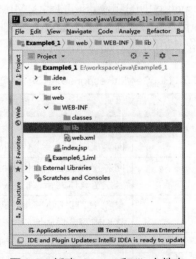

图 6-5 新建 classes 和 lib 文件夹

（2）在工具的主界面中选择"File"→"Project Structure"，进入"Project Structure"窗口，单击"Modules"，选中项目"Example6_1"，再切换到"Paths"选项卡，在其中勾选"Use module compile output path"，将"Output path"和"Test output path"的路径都改为之前创建的 classes 文件夹的路径，即将后面编译的 class 文件默认生成到 classes 文件夹中，如图 6-6 所示。

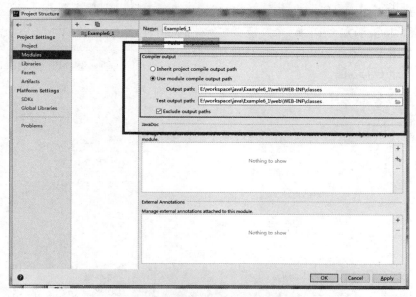

图 6-6　设置 classes 输出目录

（3）单击"Modules"，选中项目"Example6_1"，再切换到"Dependencies"选项卡，单击右边的"+"，选择"JARs or directories"，选择创建的 lib 文件夹，选择"Jar Directory"，如图 6-7 所示。

图 6-7　添加 lib 路径

（4）配置打包方式 Artifacts。单击"Artifacts"选项，IDEA 会为该项目自动创建一个名为"Example6_1:war exploded"的打包方式，表示打包成 war 包，输出路径为当前项目下的 out 文件夹，保持默认即可。

3. 建立 Servlet 类

（1）在"src"文件夹上单击右键，选择"New"→"Servlet"，新建一个 Servlet，命名为 FirstServlet，如图 6-8 所示。

（2）打开 FirstServlet.java 程序，写入如下的代码。重写 doPost()和 doGet()方法中的一个，定义初始化的 init()方法，此方法用于获取资源文件里面的初始化信息，定义清除资源的 destroy()方法。

图 6-8　创建 Servlet

```java
public class FirstServlet extends HttpServlet {
    public FirstServlet() {
        super();
    }
@Override
public void destroy() {
    super.destroy();
}
@Override
public void init() throws ServletException {
    super.init();
}
    protected void doPost(HttpServletRequest request, HttpServletResponse response) throws ServletException, IOException {
        response.setCharacterEncoding("UTF-8");     //设置响应的字符集格式为 UTF-8
        response.setContentType("text/html");       //设置响应正文的 MIME 类型
        PrintWriter out = response.getWriter();     //返回一个 PrintWriter 对象，
//Servlet 使用它来输出字符串形式的正文数据
        //以下为输出的 HTML 正文数据
        out.println("<!DOCTYPE HTML PUBLIC \"-//W3C//DTD HTML 4.01 Transitional//EN\">");
        out.println("<HTML>");
        out.println("<HEAD><TITLE>动态生成的 HTML 文档</TITLE></HEAD>");
        out.println("<BODY>");
        out.println("<table border='0' align='center'>");
        out.println("<tr><td bgcolor='skyblue'colspan=2>动态生成 HTML 文档</td></tr>");
        out.println("</table>");
        out.println("</BODY>");
        out.println("</HTML>");
        out.flush();
        out.close();
    }
    protected void doGet(HttpServletRequest request, HttpServletResponse response) throws ServletException, IOException {
        doPost(request, response);
    }
}
```

4. 注册和运行 Servlet

如果要用浏览器打开并查看运行结果，Servlet 程序必须通过 Web 服务器和 Servlet 容器来启动运行。Servlet 程序对存储路径有特殊要求，通常需要存储在<Web 应用程序目录>\WEB-INF\classes 中。另外，Servlet 程序必须在 Web 应用程序的 web.xml 文件中进行注册和映射其访问路径才可以被 Servlet 容器加载和被外界访问。

（1）注册和映射 Servlet。

在 web.xml 文件中，<servlet>元素用于注册 Servlet，<servlet>元素包含两个主要的子元素，即<servlet-name>和<servlet-class>，它们分别用于设置 Servlet 的注册名称和指定 Servlet 的完整类名。<servlet-mapping>元素用于映射已经注册的 Servlet 的对外访问路径，客户端使用映射路径访问 Servlet。

<servlet-mapping>元素含有两个子元素，即<servlet-name>和<url-pattern>，它们分别用于指定 Servlet 的注册名称和设置 Servlet 的访问路径。

web.xml 的相关代码如下。

```xml
<servlet>
<!-- 声明 Servlet 对象 -->
<servlet-name>FirstServlet</servlet-name>
<!-- 上面一句指定 Servlet 对象的名称 -->
<servlet-class>com.it.FirstServlet</servlet-class>
<!-- 上面一句指定 Servlet 对象的完整位置，包含包名和类名 -->
</servlet>
<servlet-mapping>
<!-- 映射 Servlet -->
<servlet-name>FirstServlet</servlet-name>
<!--<servlet-name>与上面<Servlet>标记的<servlet-name>元素相对应，不可以随便起名  -->
        <url-pattern>/firstServlet</url-pattern>
            <!-- 上面一句用于映射访问 URL -->
</servlet-mapping>
```

（2）运行 Servlet。

启动 Tomcat，在浏览器中输入 http://localhost:8080/firstServlet，显示如图 6-9 所示的效果。

图 6-9　运行 firstServlet 的效果

任务 6.3　编写 web.xml 配置文件

本任务主要对编写配置文件进行讲解，主要内容包括：配置虚拟路径、配置 ServletConfig 对象和配置 ServletContext 对象。

编写 web.xml 配置文件

6.3.1　配置虚拟路径

在 web.xml 文件中，一个<servlet-mapping>元素用于映射一个 Servlet 的

对外访问路径，该路径也称为虚拟路径。例如<url-pattern>/firstServlet</url-pattern>，其中/firstServlet 就是一个虚拟路径。创建的 Servlet 只有在 web.xml 中映射了虚拟路径，客户端才能访问。但是，在映射 Servlet 时，有一些细节问题需要注意，比如 Servlet 的多重映射、在映射路径中使用通配符等，接下来针对这些问题进行解释。

1. Servlet 的多重映射

Servlet 的多重映射是指同一个 Servlet 可以被映射成多个虚拟路径，即客户端可以通过多个路径访问同一个 Servlet，具体有如下两种方法。

第一种方法，可以配置多个<servlet-mapping>标记，代码如下。

```xml
<servlet>
    <servlet-name>FirstServlet</servlet-name>
    <servlet-class>com.it.FirstServlet</servlet-class>
</servlet>
<servlet-mapping>
    <servlet-name>FirstServlet</servlet-name>
    <url-pattern>/firstServlet01</url-pattern>
</servlet-mapping>
<servlet-mapping>
    <servlet-name>FirstServlet</servlet-name>
    <url-pattern>/firstServlet02</url-pattern>
</servlet-mapping>
```

第二种方法，可以在<servlet-mapping>标记中配置多个<url-pattern>标记，代码如下。

```xml
<servlet>
    <servlet-name>SecondServlet</servlet-name>
    <servlet-class>com.it.SecondServlet</servlet-class>
</servlet>
<servlet-mapping>
    <servlet-name>SecondServlet</servlet-name>
    <url-pattern>/secondServlet01</url-pattern>
    <url-pattern>/secondServlet02</url-pattern>
</servlet-mapping>
```

2. 在映射路径中使用通配符

有时候，我们希望某个目录下的所有路径都可以访问同一个 Servlet，这时可以在 Servlet 映射的路径中使用通配符"*"。

（1）<url-pattern>/servlet/*</url-pattern>：属于路径匹配，通配符"*"为后缀，/servlet/firstServlet01、/servlet/firstServlet02 都与/servlet/*匹配。

（2）<url-pattern>*.do</url-pattern>：属于扩展名匹配，通配符"*"为前缀，/servlet/firstServlet.do、/firstServlet.do 都与*.do 匹配。

（3）<url-pattern>/*</url-pattern>：属于完全匹配，通配符"*"为后缀，匹配所有路径。需要注意的是，通配符要么在开头，要么在结尾，不能在中间，<url-pattern>/*.do</url-pattern>是错误的。

如果不使用通配符，那么 url 标记的内容必须以/开头，<url-pattern>firstServlet</url-pattern>是错误的。

【例 6-2】通配符匹配方式的优先级。

其代码如下。

```xml
<servlet>
    <servlet-name>FirstServlet</servlet-name>
    <servlet-class>com.it.FirstServlet</servlet-class>
</servlet>
<servlet-mapping>
    <servlet-name>FirstServlet</servlet-name>
    <url-pattern>*.do</url-pattern>
</servlet-mapping>

<servlet>
    <servlet-name>SecondServlet</servlet-name>
    <servlet-class>com.it.SecondServlet</servlet-class>
</servlet>
<servlet-mapping>
    <servlet-name>SecondServlet</servlet-name>
    <url-pattern>/</url-pattern>
</servlet-mapping>
```

根据配置，当在浏览器端访问 http://localhost:8080/hello.do 时，FirstServlet 和 SecondServlet 都能够匹配。根据匹配的范围越大优先级越低的原则，FirstServlet 匹配得更加准确，范围更小，所以访问的是 FirstServlet 这个 Servlet。

6.3.2 配置 ServletConfig 对象

在 Servlet 的配置文件中，可以使用一个或多个<init-param>标记为 Servlet 配置一些初始化参数。在 Web 容器初始化 Servlet 实例时，都会为这个 Servlet 准备一个唯一的 ServletConfig 实例，Web 容器会从部署描述文件中"读出"该 Servlet 类的初始化参数，并设置到 ServletConfig 实例中，然后把这个 ServletConfig 实例传递给该 Servlet 实例的 init()方法。进而，就可以通过 ServletConfig 对象得到当前 Servlet 的初始化参数信息。

首先，需要创建私有变量：private ServletConfig config = null。其次，要重写 init()方法，传入 config，令 this.config = config，从而获得 ServletConfig 对象。最后，通过 ServletConfig 接口提供的 getInitParameter(String name)方法来获取指定名称的初始化参数的字符串。

【例 6-3】利用 ServletConfig 读取配置信息的内容。

web.xml 文件的代码如下。

```xml
<servlet>
        <servlet-name>ServletConfigTest</servlet-name>
        <servlet-class>com.it.ServletConfigTest</servlet-class>
        <init-param>
            <param-name>charset</param-name>
            <param-value>utf-8</param-value>
        </init-param>
</servlet>
<servlet-mapping>
        <servlet-name>ServletConfigTest</servlet-name>
        <url-pattern>*.do</url-pattern>
</servlet-mapping>
```

ServletConfigTest.java 文件的代码如下。

```java
public class ServletConfigTest extends HttpServlet {
    private ServletConfig config;
    public ServletConfigTest() {
        super();
    }
    @Override
    public void destroy() {
        super.destroy();
    }
    @Override
    public void init(ServletConfig config) throws ServletException {
        super.init(config);
        this.config=config;
    }
    protected void doPost(HttpServletRequest request, HttpServletResponse response) throws ServletException, IOException {

        String charset= this.config.getInitParameter("charset");
        response.setCharacterEncoding(charset);    //设置响应的字符集格式为UTF-8
        response.setContentType("text/html");    //设置响应正文的MIME类型
        PrintWriter out = response.getWriter();    //返回一个PrintWriter对象,
        //Servlet使用它来输出字符串形式的正文数据
        //以下为输出的HTML正文数据
        out.println("<HTML>");
        out.println("<HEAD><TITLE>ServletConfig </TITLE></HEAD>");
        out.println("<BODY>");
        out.println("获取InitParamServlet的初始化参数\"encoding\"的字符串值: "+ charset);
        out.println("</BODY>");
        out.println("</HTML>");
        out.flush();
        out.close();
    }
    protected void doGet(HttpServletRequest request, HttpServletResponse response) throws ServletException, IOException {
doPost(request,response);
    }
}
```

运行 ServletConfig 的效果如图 6-10 所示。

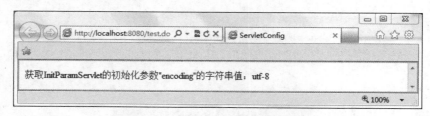

图 6-10 运行 ServletConfig 的效果

Servlet 的初始化参数只针对当前 Servlet 类有效，在本 Servlet 类中只能获取自身的初始化参数，无法获取其他 Servlet 类的初始化参数。

项目 6 Servlet 技术的应用

6.3.3 配置 ServletContext 对象

如果多个 Servlet 类要获取相同的初始化参数值，给每个 Servlet 都配置相同的初始化参数值显然是不太可取的，这时就可以把参数配置成 Web 应用上下文初始化参数。

用 Web 容器部署某个 Web 应用程序后，会为每个 Web 应用程序创建一个 ServletContext 实例。通过这个 ServletContext 实例就可以获取到所有的 Web 应用上下文初始化参数的值。

ServletContext 可以被认为是对于 Web 应用程序的一个整体性存储区域。每一个 Web 应用程序都只有一个 ServletContext 实例，存储在 ServletContext 之中的对象将一直被保留，直到它被删除。

ServletContext 对象可以通过 ServletConfig.getServletContext()方法获得对 ServletContext 对象的引用，也可以通过 this.getServletContext()方法获得其对象的引用。

【例 6-4】利用 ServletContext 读取配置信息的内容。

web.xml 文件的代码如下。

```xml
<context-param>
     <param-name>url</param-name>
     <param-value>jdbc:mysql:/localhost/dbName</param-value>
</context-param>
<context-param>
     <param-name>username</param-name>
     <param-value>root</param-value>
</context-param>
<context-param>
     <param-name>password</param-name>
     <param-value>123456</param-value>
</context-param>
```

ServletContextTest1.java 文件的代码如下。

```java
public class ServletContextTest1 extends HttpServlet {
    private ServletConfig config;
    private ServletContext context;
    @Override
    public void init(ServletConfig config) throws ServletException {
        super.init(config);
        this.config = config;
    }
    protected void doPost(HttpServletRequest request, HttpServletResponse response) throws ServletException, IOException {
        context = this.config.getServletContext();
        String url = this.context.getInitParameter("url");
        String username = this.context.getInitParameter("username");
        String password = this.context.getInitParameter("password");
        response.setCharacterEncoding("UTF-8");     //设置响应的字符集格式为 UTF-8
        response.setContentType("text/html");  //设置响应正文的 MIME 类型
        PrintWriter out = response.getWriter();     //返回一个 PrintWriter 对象，
        //Servlet 使用它来输出字符串形式的正文数据
        //以下为输出的 HTML 正文数据
        out.println("<HTML>");
        out.println("<HEAD><TITLE>ServletContext </TITLE></HEAD>");
```

```
        out.println("<BODY>");
        out.println("获取连接数据库的初始化参数 : "+"<br/>");
        out.println("url:" + url+"<br/>");
        out.println("username:" + username+"<br/>");
        out.println("password:" + password+"<br/>");
        out.println("</BODY>");
        out.println("</HTML>");
        out.flush();
        out.close();
    }
    protected void doGet(HttpServletRequest request, HttpServletResponse response)
throws ServletException, IOException {
        doPost(request, response);
    }
}
```

运行 ServletContext 的效果如图 6-11 所示。

图 6-11　运行 ServletContext 的效果

由于 Web 应用中的所有 Servlet 共享一个 ServletContext 对象,因此 Servlet 对象之间可以通过 ServletContext 对象来实现通信。在 Servlet 中,可以使用如下语句来设置数据共享。

```
ServletContext context =this.getServletContext();  //ServletContext 域对象
context.setAttribute("data","共享数据");  //向域中存了一个 data 属性
```

在另一个 Servlet 中,可以使用如下语句来获取域中的 data 属性。

```
ServletContext context =this.getServletContext();
String value = (String)context.getAttribute("data");   //获取域中的 data 属性
System.out.println(value);
```

任务 6.4　Servlet 类的访问

Servlet 类的访问

本任务主要对 Servlet 类的访问进行讲解,主要内容包括:通过表单访问 Servlet 类和通过 JSP 页面访问 Servlet 类。

6.4.1　通过表单访问 Servlet 类

在前面的内容中已经学习过 get()和 post()方法的区别以及应用 request 对象获取 HTML 表单数据的方法。Servlet 同样可以自动完成对 HTML 表单数据的读取操作。在 Servlet 中只需要简单地调用 HttpServletRequest 对象的 getParameter() 方法,在调用参数中提供表单变量的名字即可。如果指定的表单变量存在,但没有值,

getParameter()方法可以返回空字符串；如果指定的表单变量不存在，则返回 NULL。如果表单变量可能对应多个值，就可以用 getParameterValues()方法来取代 getParameter()方法。getParameterValues()方法能够返回一个字符串数组。

另外，在调试环境中，需要获得完整的表单变量名称列表。利用 HttpServletRequest 对象的 getParameterNames()方法可以方便地实现这一点。getParameterNames()方法返回的是一个 Enumeration 类型的函数，其中的每一项都可以转换为调用 getParameter()方法的字符串。

【例 6-5】利用 Servlet 读取注册表单中的信息。

index.jsp 页面的代码如下。

```html
<form action="RegisterServlet" method="post">
    <table width="80%" border="0" align="center" bgcolor="#0099ff">
        <tr>
            <th colspan="2" scope="col">用户注册</th>
        </tr>
        <tr bgcolor="#FFFFFF">
            <th scope="row">用户名：</th>
            <td><input name="userName" type="text" id="userName"></td>
        </tr>
        <tr bgcolor="#FFFFFF">
            <th scope="row">密码：</th>
            <td><input name="userPwd" type="password" id="userPwd"></td>
        </tr>
        <tr bgcolor="#FFFFFF">
            <th scope="row">电子邮箱：</th>
            <td><input name="email" type="text" id="email"></td>
        </tr>
        <tr bgcolor="#FFFFFF">
            <th scope="row">性别：</th>
            <td><input type="radio" name="userSex" id="userMale" value="男">男
                <input type="radio" name="userSex" id="userFemale" value="女">女
            </td>
        </tr>
        <tr bgcolor="#FFFFFF">
            <th scope="row">教育程度：</th>
            <td>
                <select name="userEducation" id="userEducation" >
                    <option value="研究生">研究生</option>
                    <option value="本科">本科</option>
                    <option value="专科">专科</option>
                    <option value="高中">高中</option>
                </select>
            </td>
        </tr>
        <tr bgcolor="#FFFFFF">
            <th scope="row"> </th>
            <td><input type="submit" name="Snbmit" value="提交">
                <input type="reset" name="Reset" value="重置">
```

```
            </td>
        </tr>
    </table>
</form>
```

RegisterServlet.java 文件的代码如下。

```java
public class RegisterServlet extends HttpServlet {
    protected void doPost(HttpServletRequest request, HttpServletResponse response) throws ServletException, IOException {
        response.setContentType("text/html");
        response.setCharacterEncoding("utf-8");
        request.setCharacterEncoding("utf-8");
        String userName = request.getParameter("userName");
        String userPwd = request.getParameter("userPwd");
        String email = request.getParameter("email");
        String userSex = request.getParameter("userSex");
        String userEducation = request.getParameter("userEducation");
        PrintWriter out = response.getWriter();
        out.println("<HTML>");
        out.println("  <HEAD><TITLE>用户注册结果 </TITLE></HEAD>");
        out.println("  <BODY><br/>");
        out.println("<h3>用户注册结果</h3>");
        out.println("<table border=1 align=left");
        out.println("<tr><th>参数</th><th>参数值</th></tr>");
        out.println("<tr><td>userName</td><td>" + userName + "</td></tr>");
        out.println("<tr><td>userPwd</td><td>" + userPwd + "</td></tr>");
        out.println("<tr><td>email</td><td>" + email + "</td></tr>");
        out.println("<tr><td>userSex</td><td>" + userSex + "</td></tr>");
        out.println("<tr><td>userEducation</td><td>" + userEducation + "</td></tr>");
        out.println("</table></BODY>");
        out.println("</HTML>");
        out.flush();
        out.close();  ;
    }
    protected void doGet(HttpServletRequest request, HttpServletResponse response) throws ServletException, IOException {
        doPost(request, response);
    }
}
```

web.xml 文件的代码如下。

```xml
<servlet>
        <servlet-name>RegisterServlet</servlet-name>
        <servlet-class>com.it.RegisterServlet</servlet-class>
</servlet>
<servlet-mapping>
        <servlet-name>RegisterServlet</servlet-name>
        <url-pattern>/RegisterServlet</url-pattern>
</servlet-mapping>
```

运行效果如图 6-12 所示。

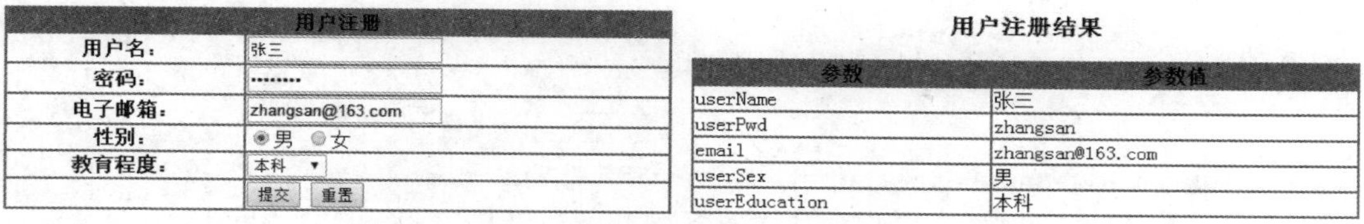

用户注册	
用户名：	张三
密码：	*******
电子邮箱：	zhangsan@163.com
性别：	●男 ○女
教育程度：	本科 ▼
	提交　重置

用户注册结果	
参数	参数值
userName	张三
userPwd	zhangsan
email	zhangsan@163.com
userSex	男
userEducation	本科

图 6-12　用户注册运行效果

6.4.2　通过 JSP 页面访问 Servlet 类

尽管可以用在浏览器的地址栏中直接键入 Servlet 对象的请求格式来运行一个 Servlet，但可能会经常通过一个 JSP 页面来请求一个 Servlet。也就是说，可以让 JSP 页面负责数据的显示，而让一个 Servlet 去做和处理数据有关的事情。

【例 6-6】单击超链接，利用 Servlet 对象输出英文字母表。

index.jsp 页面的代码如下。

```html
<html>
  <head>
    <title>英文字母表</title>
  </head>
  <body>
<font size="3">
  单击超链接查看英文字母表：<br>
  <a href="ShowLetterServlet">查看英文字母表</a>
</font>
</body></html>
```

ShowLetterServlet.java 文件的代码如下。

```java
public class ShowLetterServlet extends HttpServlet {
    protected void doPost(HttpServletRequest request, HttpServletResponse response) throws ServletException, IOException {
        response.setContentType("text/html;charset=UTF-8");
        PrintWriter out = response.getWriter();
        out.println("<html><body>");
        out.println("<br>小写字母:");
        for (char ch = 'a'; ch <= 'z'; ch++) {
            out.printf("%-3c", ch);
        }
        out.println("<br>大写字母:");
        for (char ch = 'A'; ch <= 'Z'; ch++) {
            out.printf("%3c", ch);
        }
        out.println("</body></html>");
    }
    protected void doGet(HttpServletRequest request, HttpServletResponse response) throws ServletException, IOException {
        doPost(request, response);
    }
}
```

web.xml 文件的代码如下。

```xml
<welcome-file-list>
    <welcome-file>index.jsp</welcome-file>
</welcome-file-list>
<servlet>
    <servlet-name>ShowLetterServlet</servlet-name>
    <servlet-class>com.it.ShowLetterServlet</servlet-class>
</servlet>
<servlet-mapping>
    <servlet-name>ShowLetterServlet</servlet-name>
    <url-pattern>/ShowLetterServlet</url-pattern>
</servlet-mapping>
```

运行效果如图 6-13 所示。

图 6-13 英文字母表运行效果

Servlet 体系基于 B/S 架构开发 Web 应用程序，使用 Servlet 类将 HTTP 请求和响应封装在标准 Java 类中来实现各种 Web 应用方案。当大量的 B/S 架构程序被开发出来以后，出现了很多问题：首先是 Servlet 类有大量冗余代码，其次是开发 Servlet 时，无法做到有精美的页面效果。所以 Sun 公司提出将服务器代码添加在已经设计好的静态页面上，经过 JSP 容器对 JSP 文件进行自动解析并转换成 Servlet 类来交给 Web 服务器运行。

所以 JSP 在本质上就是 Servlet，但是两者的创建方式不一样。Servlet 都是由 Java 程序代码构成，用于流程控制和事务处理，通过 Servlet 来生成动态网页很不直观。而 JSP 由 HTML 代码和 JSP 标记构成，可以方便地编写动态网页。

任务 6.5　拓展实训任务

拓展实训任务

本任务为 Servlet 实训任务，将之前学习过的 Servlet 基础语法知识点结合起来进行应用。通过拓展实训环节，强化 JSP 基础语法知识点的实际应用能力。

6.5.1　拓展实训任务简介

在实际开发中，希望读取 Web 应用中的一些资源文件，比如配置文件、

项目 ❻ Servlet 技术的应用

图片等。为此，在 ServletContext 接口中提供一些读取 Web 资源的方法，这些方法是依靠 Servlet 容器来实现的。

在项目中创建一个.properties 的配置文件，其主要作用是通过修改配置文件可以方便地修改代码中的参数，实现不用改 class 文件即可灵活变更参数。Servlet 容器根据资源文件相对于 Web 应用的路径，返回关联资源文件的 I/O 流、资源文件在文件系统的绝对路径等。

ServletContext 读取的.properties 文件一般放在以下 3 种位置：直接放在 Web 下面，放在 Web 文件夹中的某个文件夹下面，放在 WEB-INF 文件夹中的某个文件夹下面。

特别注意不要把.properties 文件直接放在 WEB-INF 下面（因为这样取得的结果是 NULL）。

下面我们来了解 ServletContext 读取 Web 应用中资源文件的方法。

1. 获取真实路径

ServletContext 接口的 getRealPath(String path)方法返回的是资源文件在服务器文件系统上的真实路径（带有盘符）。参数 path 代表资源文件的虚拟路径，它应该以正斜线/开始，/表示当前 Web 应用的根目录，代码如下。

```
public class PathServlet extends HttpServlet{
    publicvoid doGet(HttpServletRequest request, HttpServletResponse response)
        throwsServletException, IOException {
        ServletContext servletContext=this.getServletContext();
        String path=servletContext.getRealPath("/");
        System.out.println(path);
        String indexPath=servletContext.getRealPath("index.jsp");
        System.out.println(indexPath);
    }
}
```

2. 获取资源流

使用 ServletContext 接口的 getResourceAsStream(String path)方法可获取 path 指定资源的流。

其实这个方法也可以理解为，先获得资源的真实路径，再使用 InputStream input=new FileInputStream(newFile(servletContext.getRealPath(path)))创建一个输入流，代码如下。

```
ServletContext servletContext=this.getServletContext();
//使用ServletContext 获取资源流
InputStream input=servletContext.getResourceAsStream("/index.jsp");
System.out.println(input);
```

3. 获取指定目录下的所有资源路径

通过 ServletContext 接口的 getResourcePaths(String path)方法可获取指定目录下的所有资源路径，该方法的返回值是一个 Set 集合。该方法的参数一定要以"/"开头，否则会报错。

可获取 WEB-INF 目录下的所有资源路径的代码如下。

```
ServletContext servletContext=this.getServletContext();
//使用ServletContext 获取指定目录下所有资源路径
Set<String> paths=servletContext.getResourcePaths("/WEB-INF");
System.out.println(paths);//[/WEB-INF/lib, /WEB-INF/classes,/WEB-INF/web.xml]
```

注意，WEB-INF 目录下的 lib 和 classes 都是目录，但是通过 getResourcePaths()方法不会进一步获得 lib 和 classes 目录下的资源路径。

本任务需要完成：读取配置文件中的信息，连接数据库，并先按照系部信息进行查询，如果系部相同就再按照政治身份进行排序，从而查询出满足要求的学生信息，如图 6-14 所示。

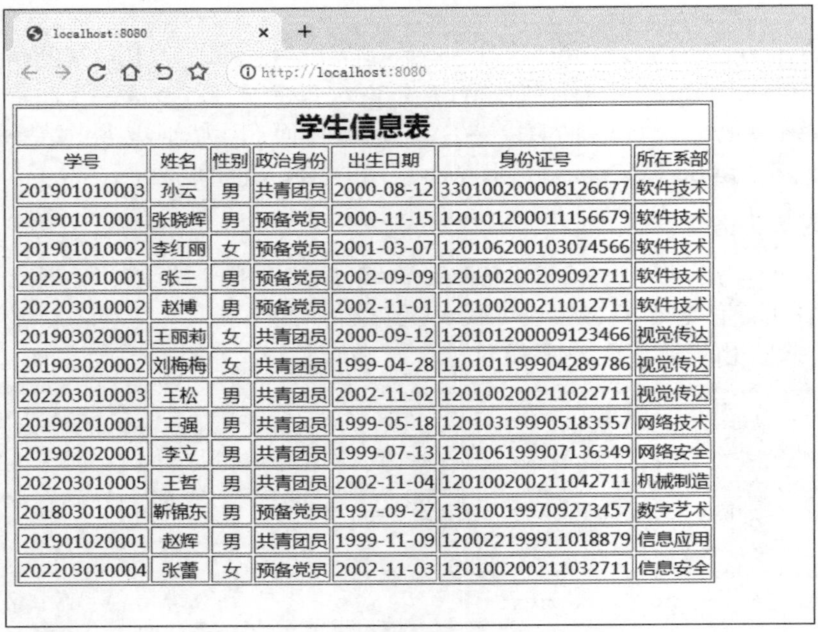

学生信息表

学号	姓名	性别	政治身份	出生日期	身份证号	所在系部
201901010003	孙云	男	共青团员	2000-08-12	330100200008126677	软件技术
201901010001	张晓辉	男	预备党员	2000-11-15	120101200011156679	软件技术
201901010002	李红丽	女	预备党员	2001-03-07	120106200103074566	软件技术
202203010001	张三	男	预备党员	2002-09-09	120100200209092711	软件技术
202203010002	赵博	男	预备党员	2002-11-01	120100200211012711	软件技术
201903020001	王丽莉	女	共青团员	2000-09-12	120101200009123466	视觉传达
201903020002	刘梅梅	女	共青团员	1999-04-28	110101199904289786	视觉传达
202203010003	王松	男	共青团员	2002-11-02	120100200211022711	视觉传达
201902010001	王强	男	共青团员	1999-05-18	120103199905183557	网络技术
201902020001	李立	男	共青团员	1999-07-13	120106199907136349	网络安全
202203010005	王哲	男	共青团员	2002-11-04	120100200211042711	机械制造
201803010001	靳锦东	男	预备党员	1997-09-27	130100199709273457	数字艺术
201901020001	赵辉	男	共青团员	1999-11-09	120022199911018879	信息应用
202203010004	张蕾	女	预备党员	2002-11-03	120100200211032711	信息安全

图 6-14　读取配置文件信息的结果

6.5.2　拓展实训任务实现

1. 创建项目

启动 IDEA，创建 Web 应用项目。在项目的 web 文件夹下的 lib 文件中导入 MySQL 的连接驱动，然后选中该驱动，单击右键，在弹出的快捷菜单中选择 Add as Library。在 web 文件夹下创建 JSP 类型文件 index.jsp。

2. 创建配置文件

展开项目，可以看到项目下的 web 子文件夹，依次打开 web→WEB-INF→classes 文件夹，在 classes 文件夹中创建 jdbc.properties 文件，代码如下。

```
url = jdbc:mysql://localhost/
dbName = STUDB
userName = root
userPasswd = 123456
```

3. 创建 ContextServletTest 类

首先在 src 目录下创建 com 包，然后在该包下创建 ContextServletTest 类，代码如下。

```
package com;
import javafx.print.Printer;
import javax.servlet.ServletContext;
```

```java
import javax.servlet.ServletException;
import javax.servlet.annotation.WebServlet;
import javax.servlet.http.HttpServlet;
import javax.servlet.http.HttpServletRequest;
import javax.servlet.http.HttpServletResponse;
import java.io.IOException;
import java.io.InputStream;
import java.io.PrintWriter;
import java.sql.*;
import java.util.Properties;
public class ContextServletTest extends HttpServlet {
protected void doPost(HttpServletRequest request, HttpServletResponse response)
throws ServletException, IOException {
        response.setContentType("text/html;charset=UTF-8");
        PrintWriter out = response.getWriter();
        ServletContext context = this.getServletContext();
        InputStream stream = context.getResourceAsStream("/WEB-INF/classes/jdbc.properties");
        Properties properties = new Properties();
        properties.load(stream);
        String dbName = properties.getProperty("dbName");
        String userName = properties.getProperty("userName");
        String userPasswd = properties.getProperty("userPasswd");
        String url = properties.getProperty("url");
        url = url + dbName + "?user=" + userName + "&password=" + userPasswd+"&useUnicode=true &characterEncoding=utf-8";
        try {
            Class.forName("com.mysql.cj.jdbc.Driver");
            Connection conn = DriverManager.getConnection(url);
            Statement statement = conn.createStatement();
            String sql = "select * from student ORDER BY stu_speciality DESC,stu_politicalstatus ASC ";
            ResultSet rs = statement.executeQuery(sql);
            out.println("<html><head></head><body>");
            out.println("<table border=1>");
            out.println("<th colspan=7 style=' font-size: x-large; alignment: center'>学生信息表</th>");
            out.println(" <tr style=' text-align: center'>");
            out.println("   <td>学号</td><td>姓名</td><td>性别</td><td>政治身份</td>\n" +
                    "<td>出生日期</td><td>身份证号</td><td>所在系部</td>  </tr>");
        while (rs.next()) {
            out.println(" <tr style='text-align: center'>");
            out.println(" <td>" + rs.getString(1) + "</td>");
            out.println(" <td>" + rs.getString(2) + "</td>");
            out.println(" <td>" + rs.getString(3) + "</td>");
            out.println(" <td>" + rs.getString("stu_politicalstatus") + "</td>");
            out.println(" <td>" + rs.getString("stu_birthday") + "</td>");
            out.println(" <td>" + rs.getString("stu_identitycard") + "</td>");
            out.println(" <td>" + rs.getString("stu_speciality") + "</td>");
            out.println(" </tr>");
        }
```

```
            out.println("</table></body></html>");
        } catch (Exception e) {
            e.printStackTrace();
        }
        out.flush();out.close();
    }
    protected void doGet(HttpServletRequest request, HttpServletResponse response)
throws ServletException, IOException {
        doPost(request, response);
    }
}
```

4. 修改 web.xml 文件

展开项目，可以看到项目下的 web 子文件夹，依次打开 web 子文件夹和 WEB-INF 文件夹，可以看到 web.xml 配置文件，在此文件中配置 Servlet 名称和映射地址，代码如下。

```
<?xml version="1.0" encoding="UTF-8"?>
<web-app xmlns="http://xmlns.jcp.org/xml/ns/javaee"   xmlns:xsi=
"http://www.w3.org/2001/XMLSchema-instance"
    xsi:schemaLocation="http://xmlns.jcp.org/xml/ns/javaee
http://xmlns.jcp.org/xml/ns/javaee/web-app_4_0.xsd"
    version="4.0">
    <servlet>
        <servlet-name>ContextServletTest</servlet-name>
        <servlet-class>com.ContextServletTest</servlet-class>
    </servlet>
    <servlet-mapping>
        <servlet-name>ContextServletTest</servlet-name>
        <url-pattern>/*</url-pattern>
    </servlet-mapping>
</web-app>
```

项目小结

本项目主要介绍了 Servlet 技术的概念、Servlet 技术的特点、Servlet 类的结构、建立 Servlet 类、编写 web.xml 配置文件、Servlet 类的访问等知识。通过对本项目的学习，大家可以对 Servlet 技术的基本语法有初步的了解，并能掌握 Servlet 语法的基本规范和使用方式，为后面的学习打下坚实的基础。

考核与评价

表 6-6 用于记录学习完成人在学习过程中的形成性表现，主要围绕能力素养、知识点掌握和其他表现等情况进行综合性评价。能力考核点从理解学习目标的能力、自主逻辑思维的能力、吸收知识的能力、编写项目程序的能力、解决问题的能力、总结反思的能力 6 个维度进行相关的评价。知识考核点从 Servlet 类的结构、编写 Servlet 类、配置文件的使用、Servlet 类的访问 4 个维度进行相关的评价。表现考核点从学习出勤情况、学习态度情况、学习纪律情况 3 个维度进行相关的评价。综合性评价可以分为优、良、中、合格和不合格 5 个等级。学习指导者可以根据学习完成人在本项目学习过程中的具体表现，在表 6-6 中给出相关部分的评语、得分和综合性评价。

项目 6　Servlet 技术的应用

表 6-6　考核与评价表

项目名称		学习完成人	
学习时间		综合性评价	
能力素养情况评分（40 分）			

序号	能力考核点	评价	配分	得分
1	理解学习目标的能力		5	
2	自主逻辑思维的能力		5	
3	吸收知识的能力		5	
4	编写项目程序的能力		15	
5	解决问题的能力		5	
6	总结反思的能力		5	
知识点掌握情况评分（40 分）				
序号	知识考核点	评价	配分	得分
1	Servlet 类的结构		5	
2	编写 Servlet 类		15	
3	配置文件的使用		10	
4	Servlet 类的访问		10	
其他表现情况评分（20 分）				
序号	表现考核点	评价	配分	得分
1	学习出勤情况		5	
2	学习态度情况		10	
3	学习纪律情况		5	

课后习题

1. 填空题

（1）Servlet 的生命周期包括加载与实例化、_____、_____和销毁 4 个阶段。

（2）在编写 Servlet 时，需要继承_____类，在 Servlet 中声明 doGet()和 doPost()方法需要_____和_____类型的两个参数。

（3）在访问 Servlet 时，在浏览器地址栏中输入的路径是在_____配置的。

2. 选择题

（1）Servlet 需要在（　　）文件中进行配置。

　　A. context.xml　　　B. web.config　　　C. web.xml　　　D. webapp.xml

（2）关于 web.xml 的配置说法错误的是（　　）。

　　A. 在 web.xml 描述中，要指定这个 Servlet 的名字

　　B. 在 web.xml 描述中，要指定这个 Servlet 的类

C. 在 web.xml 描述中，要为 Servlet 做 URL 映射

D. 在 web.xml 中不可同时指定多个 Servlet

（3）下列选项中，(　　) 可以准确地获取请求页面的一个文本框的内容。

    A. request.getParameter (name)　　　　　B. request.getParameter("name")

    C. request.getParameterValues(name)　　　D. request.getParameterValues("name")

（4）在 myServlet 应用中有一个 MyServlet 类，在 web.xml 文件中对其进行如下配置。

```xml
<servlet>
<servlet-name> mysrvlet </servlet-name>
<servlet-class> com.wgh.MyServlet </servlet-class>
</servlet>
<servlet-mapping>
<servlet-name> myservlet </servlet-name>
<url-pattern> /welcome </url-pattern>
</servlet-mapping>
```

则以下选项可以访问到 MyServlet 的是（　　）。

    A. http://localhost:8080/MyServlet　　　　B. http://localhost:8080/myservlet

    C. http://localhost:8080/com/wgh/MyServlet　D. http://localhost:8080/welcome

3. 简答题

（1）简单谈一下你理解的 Servlet 是什么，以及 Servlet 的工作原理。

（2）在 JSP 和 Servlet 中的请求转发分别如何实现？

项目 7 "天码行空"网站的设计与实现

企业网站是根据企业的不同需求来建立的属于企业自己的网站。企业通过网站可对产品和服务进行宣传，进而树立起良好的形象。本项目将学习如何综合使用 JSP 技术、JDBC 技术和 JavaBean 技术完成"天码行空"网站的设计与实现。

学习目标

知识目标
1. 熟悉网站系统的功能结构
2. 熟悉网站系统的业务流程
3. 熟悉网站系统的数据库设计

能力目标
1. 掌握网站登录模块的实现
2. 掌握网站新闻管理模块的实现

素养目标
1. 培养思考、分析问题的学习能力
2. 培养有效执行学习计划的实践能力

课堂与人生

坚持不懈，持之以恒。

任务 7.1 系统功能分析与设计

课堂与人生

本任务主要对"天码行空"网站系统功能分析与设计进行讲解，主要内容包括：系统功能结构分析、系统业务流程、系统开发环境和系统数据库设计。

7.1.1 系统功能结构分析

建设企业网站可以使企业能够展示自己的产品与特色，建立与客户更好的交流方式。企业网站的建设和管理水平直接影响企业形象，拥有一个美观

系统功能分析与设计

实用的企业网站，已经成为大部分企业必不可少的建设内容。

企业网站通常由两部分组成：一部分是网站前台信息展示页面，用于展示企业信息，以及与客户进行交流；另一部分是网站后台信息处理页面，用于管理网站信息。

"天码行空"网站的前台信息展示页面主要包括网站首页、企业简介、公告、新闻、产品介绍和联系我们等展示性页面。

"天码行空"网站的后台信息处理部分主要包括登录、新闻管理、公告管理和管理员管理等功能模块部分。

"天码行空"网站的系统功能结构如图 7-1 所示。

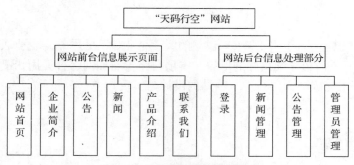

图 7-1 网站的系统功能结构

7.1.2 系统业务流程

企业的外部用户在浏览器中输入网站的网址，就可以进入网站的首页；然后，通过单击首页顶部的导航菜单，可以进一步浏览网站的企业简介、公告、新闻等页面。

网站管理员需要对网站显示的信息进行维护时，可以通过网站的登录功能进入网站后台信息处理部分。网站管理员登录成功后，可以进行新闻管理和公告管理的信息处理工作。

"天码行空"网站的系统业务流程如图 7-2 所示。

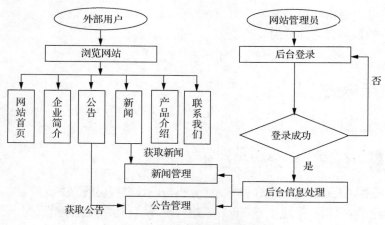

图 7-2 网站的系统业务流程

7.1.3 系统开发环境

我们可使用之前学习过的 Java Web 动态网站开发技术对"天码行空"网站进行开发实现。

项目 ❼ "天码行空"网站的设计与实现

在开发中,将综合使用 HTML 技术、CSS 技术、JSP 技术、JDBC 技术、JavaBean 技术和 MySQL 数据库等。

"天码行空"网站的开发及测试运行环境如下。

- 操作系统:Windows 7 及以上版本。
- JDK 环境:JDK 1.8 及以上版本。
- 集成开发环境:IntelliJ IDEA 2018 及以上版本。
- Web 服务:Tomcat 8 及以上版本。
- 数据库:MySQL 5 及以上版本。
- 测试浏览器:推荐使用谷歌浏览器或者火狐浏览器。
- 最佳效果显示分辨率:1024 像素×768 像素。

7.1.4 系统数据库设计

根据对"天码行空"网站系统功能的分析可知,在系统业务处理过程中要对系统管理员用户信息、新闻信息和公告信息进行保存与维护。在此基础上,为系统数据库设计了表 7-1～表 7-3 中的内容,以支撑系统功能的需求。系统 MySQL 数据库的名称为 unit7website。

1. 管理员用户信息表

管理员用户信息表(见表 7-1),主要用来保存系统管理员用户信息,表名称为 admin。系统管理员用户登录成功后,才能维护系统新闻信息和公告信息。

表 7-1 管理员用户信息表

字段	数据类型	是否为主键	是否为 NULL	默认值	描述
AdminID	int(11)	是	否		管理员编号
AdminName	varchar(32)	否	是		用户名
AdminPwd	varchar(64)	否	是		登录密码
AdminType	smallint(6)	否	否	0	管理员类型
LastLoginTime	varchar(50)	否	否	暂无登录	登录时间

2. 企业新闻信息表

企业新闻信息表(见表 7-2),表名称为 news,主要用来保存企业公布的新闻信息。管理员可以在登录成功后,通过网站后台系统进行企业新闻信息的维护。管理员完成维护后,在网站上就可以显示更新后的企业新闻信息了。

表 7-2 企业新闻信息表

字段	数据类型	是否为主键	是否为 NULL	默认值	描述
NewsID	int(11)	是	否	自增	新闻编号
NewsTitle	varchar(60)	否	是		新闻标题
NewsContent	longtext	否	是		新闻内容
NewsTime	varchar(50)	否	否		发布时间
AdminName	varchar(32)	否	否		管理员用户名

3. 企业公告信息表

企业公告信息表（见表 7-3），主要用来保存企业发布的公告信息，表名称为 notice。管理员可以在登录成功后，通过网站后台系统进行企业公告信息的维护。管理员完成维护后，在网站上就可以显示更新后的企业公告信息了。

表 7-3 企业公告信息表

字段	数据类型	是否为主键	是否 NULL	默认值	描述
NoticeID	int(11)	是	否	自增	公告编号
NoticeTitle	varchar(60)	否	是		公告标题
NoticeContent	longtext	否	是		公告内容
NoticeTime	varchar(50)	否	否		发布时间
AdminName	varchar(32)	否	否		管理员用户名

任务 7.2 网站登录模块主要功能实现

网站登录模块主要功能实现

本任务主要对"天码行空"网站的登录模块主要功能实现进行讲解，主要内容包括：网站项目准备工作、后台登录模块的主要功能实现和后台登录模块的测试运行。因为本书篇幅所限，无法将"天码行空"网站的所有功能模块代码进行全部展示，大家可以在本书配套的资源库中获得"天码行空"企业网站项目全部代码和相关资源。这里将以"天码行空"网站中的典型模块为例，对其开发过程和核心代码进行讲解和展示。

7.2.1 网站项目准备工作

开发人员在创建本网站项目前，应按照之前讲解的系统开发环境和系统数据库设计这两部分的内容，准备好相关的系统开发环境和 MySQL 数据库。

1. 创建"天码行空"网站项目

"天码行空"网站项目使用 IDEA 进行开发。创建项目的具体步骤在之前已经进行了讲解，此处就不赘述了。

创建的"天码行空"网站项目名称为 CodeSkyWebSite。创建项目后，在 IDEA 的项目管理面板中，将显示出项目的整体结构，如图 7-3 所示。一般情况下，把包和类等内容放在 src 文件夹中，把网站的静态页面与动态页面以及其他相关资源放在 web 文件夹中。项目创建后会默认提供一个网站首页（index.jsp）。

2. 创建文件夹

创建"天码行空"网站项目后，在 IDEA 的项目管理面板中选择 web 文件夹。然后，右键单击 web 文件夹，在弹出的快捷菜单中依次选择"New"→"Directory"命令，创建网站项目所需的文件夹，如图 7-4 所示。

按照图 7-5 所示，分别创建后台管理文件夹 admin 和门户网站文件夹 front。

项目 ❼ "天码行空"网站的设计与实现

图 7-3 "天码行空"网站项目整体结构

后台管理文件夹内将放置所有与后台管理功能相关的页面文件和资源文件。门户网站文件夹内将放置所有与门户网站相关的前台页面文件和资源文件。

然后,在 admin 文件夹和 front 文件夹下分别建立 css(颜色、字体大小等)、img(图片)和 js(动态效果)文件夹。读者也可以直接将本书配套资源中提供好的 css、img 和 js 等资源,引入网站项目的对应结构位置中,直接使用。

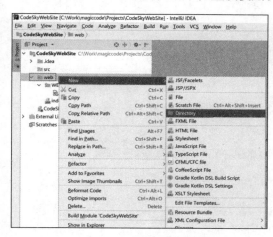

图 7-4 选择 Directory 命令   图 7-5 创建网站项目所需的文件夹

3. 创建包和类文件

为了实现登录"天码行空"网站项目的功能,需要创建相关的包和类文件。

下面以数据库访问类的包和类文件的创建过程为例,说明相关的步骤。其他的类文件的创建过程与此相似,此处不赘述。

(1)在创建类之前,可以先创建包。右键单击 src 文件夹,在弹出的快捷菜单中依次选择"New"→"Package"命令,如图 7-6 所示。

(2)在弹出的对话框中,输入包名称为 jspSamples.unit7.websiteSample,单击"OK"按钮,如图 7-7 所示。

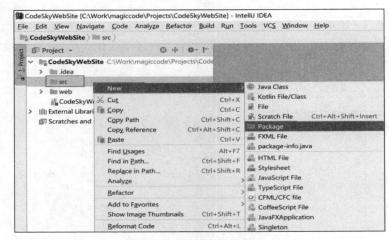

图 7-6　选择 Package 命令

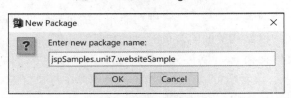

图 7-7　输入包名称

（3）创建数据库访问类 DBConnection。右键单击刚创建的包，在弹出的快捷菜单中依次选择"New"→"Java Class"命令，如图 7-8 所示。

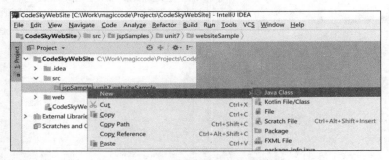

图 7-8　选择 Java Class 命令

（4）在弹出的对话框中，填写类名称为 DBConnection，选择类型为 Class，如图 7-9 所示。

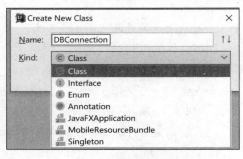

图 7-9　输入类名称

4. 创建 JSP 文件

为了实现"天码行空"网站项目的业务功能，还需要创建相关的 JSP 文件。

下面以登录页面的创建过程为例，说明相关的步骤。其他的 JSP 文件的创建过程与此相似，此处不赘述。

（1）创建用户访问的登录页面 login.jsp。右键单击 web 文件夹中的 admin 子文件夹，在弹出的快捷菜单中依次选择"New"→"JSP/JSPX"命令，如图 7-10 所示。

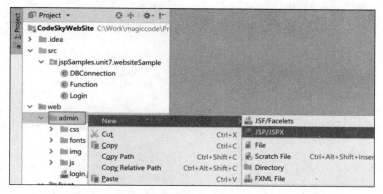

图 7-10　选择 JSP/JSPX 命令

（2）在弹出的对话框中，填写文件名称为 login.jsp，选择文件类型为 JSP file，如图 7-11 所示。

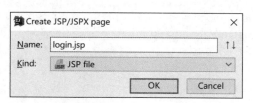

图 7-11　输入文件名称

7.2.2　后台登录模块的主要功能实现

后台登录模块的主要业务流程是管理员通过登录页面，输入用户名与密码后，连接 MySQL 数据库进行相关的查询业务。

如果输入的用户名和密码与数据库中预先存储好的管理员信息一致，就允许该用户进入后台管理系统的主页面；如果输入错误的用户名或密码，则给出错误提示信息并阻止该用户进入后台管理系统。根据功能要求，实现后台登录模块的具体过程如下。

（1）数据库访问类 DBConnection，主要实现 MySQL 数据库的连接与访问。

在已创建的数据库访问类 DBConnection 文件中添加如下代码。

```
package jspSamples.unit7.websiteSample;
import java.sql.Connection;
import java.sql.DriverManager;
public class DBConnection
{
    private String FileName;
    private int DBType;
```

```java
    private Connection conn;
    private String MySqlDriver;
    private String MySqlURL;
    public DBConnection()
    {
      conn = null;
    }
//根据数据库类型创建数据库连接,此处默认类型为1:MySQL 数据库
    public Connection getConn()
    {

        DBType=1;

        switch(DBType)
        {
            case 1:return(getConnToMySql());
            default:return null;
        }
    }
//创建数据库连接
    public Connection getConnToMySql()
    {
      try{
            MySqlDriver = "com.mysql.cj.jdbc.Driver";
            MySqlURL = "jdbc:mysql://127.0.0.1:3306/unit7website?user=fairchild&password=huiko8213@K&useUnicode=true&characterEncoding=UTF-8";
            Class.forName(MySqlDriver).newInstance();
            conn = DriverManager.getConnection(MySqlURL);
      }catch(Exception e){
      }
      return conn;
    }

}
```

在类的 getConn()方法中,设定 DBType=1,是为了表示此处可以设置成访问多种数据库的形式。开发者可以使用 DBType 的值来切换。此处值为 1 时,表示数据库为 MySQL 数据库。

在类的 getConnToMySql()方法中,MySQL 数据库的数据库驱动设定为 MySqlDriver 的数据信息;数据库访问的地址设定为 MySqlURL 的数据信息。

(2)用户登录业务逻辑类 Function,主要实现用户登录业务逻辑。

创建用户登录业务逻辑类 Function,代码如下。

```java
package jspSamples.unit7.websiteSample;

import java.sql.Connection;
import java.sql.ResultSet;
import java.sql.SQLException;
import java.sql.Statement;
import java.text.SimpleDateFormat;
import java.util.Date;

public class Function {
```

```java
DBConnectionDBConn = new DBConnection();
/**
 * 方法名：CheckLogin
 * 功能描述：登录验证
 * Created by 天码行空
 */
public boolean CheckLogin(Connection conn, String s1, String s2) throws SQLException{
    Statement stmt = conn.createStatement();
    ResultSet rs = null;
    boolean OK = true;
    String AdminPwd = "";
    String User = CheckReplace(s1);    //过滤字符串中的非法字符
    String Pwd = CheckReplace(s2);     //过滤字符串中的非法字符
    String Sql = "select * from admin where AdminName='" + User + "'";
    rs = stmt.executeQuery(Sql);
    if (!rs.next()) {
        OK = false;
    } else {
        AdminPwd = rs.getString("AdminPwd");
        OK = Pwd.equals(AdminPwd);
    }
    return OK;
}
}
```

在类的 CheckLogin()方法中，参数 conn 代表传入的数据库连接对象，参数 s1 代表传入的登录用户名，参数 s2 代表传入的登录密码。然后在管理员用户信息表中查询同时匹配的用户名和密码的数据记录，如果查询存在该记录，则返回 true（真），否则返回 false（假）。

（3）用户登录类 Login，主要实现与用户登录相关的功能。

创建用户登录类 Login，代码如下。

```java
package jspSamples.unit7.websiteSample;

import java.sql.Connection;
import java.sql.SQLException;

public class Login {

  DBConnection DBConn = new DBConnection();
  Function Fun = new Function();

  public Login() {}
  public boolean LoginCheck(String s1, String s2) {
      try {
          Connection Conn = DBConn.getConn();
          boolean OK = true;
          OK = Fun.CheckLogin(Conn, s1, s2);
          return OK;

      } catch (SQLException e) {
          return false;
```

    }
  }
}

在类的 LoginCheck()方法中，参数 s1 代表传入的登录用户名，参数 s2 代表传入的登录密码。

（4）用户登录页面 login.jsp，主要实现与用户的交互过程。

在已创建的登录页面 login.jsp 文件中添加如下代码。

```jsp
<%@page language="java" import="java.util.*" pageEncoding="GBK"%>
<%@page import="jspSamples.unit7.websiteSample.*"%>
<%
 request.setCharacterEncoding("GBK"); //设置编码方式为 GBK
 String Action = request.getParameter("Action"); //判断是否单击"登录"
 if (Action != null &&Action.equals("Login")) {
     String User = request.getParameter("User"); //得到登录用户名
     String Pwd = request.getParameter("Pwd"); //得到登录密码
     out.println("<script>alert('" + User + "');</script>");
     out.println("<script>alert('" + Pwd + "');</script>");
     Login login = new Login(); //新建登录类 Login
     boolean isOK = login.LoginCheck(User, Pwd); //调用方法 LoginCheck()，判断返
//回值是真还是假
     if (isOK) {
         //如果 isOK=true, 说明验证成功，可以进入后台页面 news.jsp
         out.println("<SCRIPT LANGUAGE='JavaScript'>alert('登录成功！');location.href='news.jsp';</SCRIPT>");
     } else {
         //如果 isOK=false, 说明验证失败，无法进入后台页面
         out.println("<SCRIPT LANGUAGE='JavaScript'>alert('登录失败！');location.href='login.jsp';</SCRIPT>");
     }
 }
%>
<!DOCTYPE html>
<html>
<head>
<meta charset="GBK">
<title>后台登录-天码行空学习建站</title>
<link rel="stylesheet" href="css/amazeui.min.css" />
<script src="js/main.js"></script>
</head>
<!--引入背景图-->
<body style="background: url(img/login-bg.png) no-repeat">
 <!--公司标题图片-->
 <div class="header" style="text-align: center; margin-top: 100px">
     <div class="am-g">
         <imgsrc="img/loginTitle.png" />
     </div>
 </div>
```

项目 ❼ "天码行空"网站的设计与实现

```html
<!--登录框-->
<div class="am-g" style="margin-top: 20px">
    <div class="am-u-lg-6 am-u-md-10 am-u-sm-centered"
        style="background: url(img/loginForm.png) no-repeat; height: 479px; width: 695px">
        <!--登录表单-->
        <form action="login.jsp" method="post" class="am-form login-form"
            style="padding: 50px 0px 0px 120px; width: 550px"
            onSubmit="return LoginCheck()">
            <label for="name">用户名: </label><input type="text" name="User"
                id="User" value=""><br><label for="ps">密码:</label>
            <input type="password" name="Pwd" id="Pwd" value=""><br>
            <!--登录按钮-->
            <div class="am-cf">
                <input name="Action" type="hidden" value="Login"><input
                    type="submit" value="登录" id="save"
                    style="width: 100%; border-radius: 0.5em;"
                    class="am-btn am-btn-primary am-btn-sm am-round">
            </div>
        </form>
    </div>
</div>
</body>
</html>
```

7.2.3 后台登录模块的测试运行

在规模比较大的项目开发中，开发人员完成一个部分的子功能模块的开发后，就可以进行相关的单元性测试了。下面我们进行"天码行空"网站项目的登录功能这个子模块的测试。后续其他子模块开发完成后，也可以进行相应的测试。

运行项目前的准备工作在之前已经进行了讲解，此处不赘述。

配置完测试所需的 Tomcat 服务器后，启动服务，就可以开始进行 login.jsp 页面的测试了，其效果如图 7-12 所示。在登录页面中输入管理员用户信息表中已经存在的用户名和密码，单击"登录"按钮。

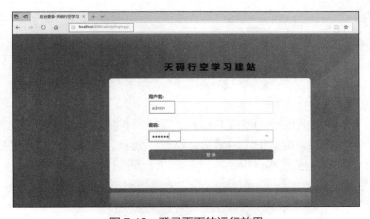

图 7-12 登录页面的运行效果

171

任务 7.3　网站新闻模块主要功能实现

网站新闻模块主要功能实现

本任务主要对"天码行空"网站的新闻模块主要功能实现进行讲解，主要内容包括：后台新闻模块中类的实现、后台新闻模块中核心页面的实现和网站前台新闻信息展示功能实现。

7.3.1　后台新闻模块中类的实现

后台的操作就如同产品加工厂，只是这里加工的是数据。"天码行空"网站后台信息处理主要包括对新闻信息、公告信息和管理员用户信息的新增、删除、修改和展示，也就是我们通常所说的对数据库中相应的表记录的增、删、改、查操作。这些操作实现的基本技术手段是相同的，只是所操作的数据库表不同。因为本书篇幅所限，无法将"天码行空"网站的所有后台功能模块代码全部进行展示。这里以"天码行空"网站中的新闻模块为例，对其开发过程和核心代码进行讲解和展示。读者可以在本书配套的资源中获得"天码行空"企业网站项目全部代码和相关资源。

新闻模块主要用于维护新闻信息。一条新闻信息由新闻标题、新闻内容、新闻作者和发布时间等要素构成。这些新闻信息存储在数据库的企业新闻信息表中。新闻信息的增、删、改、查操作实际上也就是对这些相关信息要素操作的过程。

根据业务所需功能要求，新闻管理页面效果如图 7-13 所示。整个页面由 3 部分构成：顶部的 Logo 和站点名称，左侧的"菜单栏"区域和右侧的"主内容"区域。右侧的"主内容"区域包括了信息展示、添加信息、修改和删除功能。

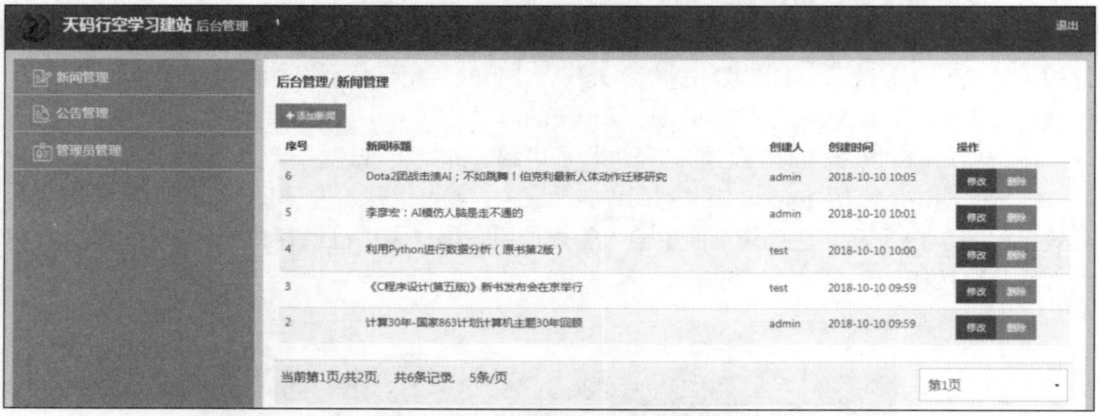

图 7-13　新闻管理页面效果

1. 扩展 Function 类

根据业务需求，对之前已经创建的 Function 类进行扩展，增加新的功能方法。使用新定义的功能方法，实现对新闻信息记录的增加、修改、删除、浏览展示和分页显示等功能。

在集成开发环境中，打开 Function 类，添加以下方法代码。

```
/**
 * 方法名：CheckReplace
 * 功能描述：字符串过滤
```

```java
     * Created by 天码行空
     */
    public String CheckReplace(String s) {
        try {
            if ((s == null) || (s.equals("")))
                return "";

            StringBuffer stringbuffer = new StringBuffer();
            for (int i = 0; i<s.length(); i++) {
                char c = s.charAt(i);
                switch (c) {
                case '"':
                    stringbuffer.append("&quot;");
                    break;
                case '\'':
                    stringbuffer.append("&#039;");
                    break;
                case '|':
                    break;
                case '&':
                    stringbuffer.append("&amp;");
                    break;
                case '<':
                    stringbuffer.append("&lt;");
                    break;
                case '>':
                    stringbuffer.append("&gt;");
                    break;
                default:
                    stringbuffer.append(c);
                }
            }

            return stringbuffer.toString().trim();
        } catch (Exception e) {
        }
        return "";
    }

    /**
     * 方法名: CheckDate
     * 功能描述：日期验证
     * Created by 天码行空
     */
    public String CheckDate(String[] s1, String[] s2) {
        boolean OK = true;
        StringBuffer sb = new StringBuffer();
        try {
            for (int i = 0; i< s1.length; i++) {
                if ((s1[i] == null) || (s1[i].equals(""))
                        || (s1[i].equals(" "))) {
```

```java
                    sb.append("<li> [ " + s2[i] + " ] 不能为空!");
                    OK = false;
                }
            }
            if (OK)
                return "Yes";
            return sb.toString().trim();
        } catch (Exception e) {
        }
        return "操作失败! ";
    }

    public String getStrCN(String s) {
        if (s == null)
            s = "";
        try {
            byte[] abyte0 = s.getBytes("GBK");
            s = new String(abyte0);
        } catch (Exception e) {
            s = "";
        }
        return s;
    }

    public int StrToInt(String s) {
        try {
            return Integer.parseInt(CheckReplace(s));
        } catch (Exception e) {
        }
        return 0;
    }

    public boolean StringToBoolean(String s) {
        return (s != null) && (s.equals("Yes"));
    }

    public String Page(String sPage, ResultSet rs, int intPage, int intPageSize) {
        String s = null;

        int i = 0;
        try {
            rs.last();

            int intRowCount = rs.getRow();
            int intPageCount;
            if (intRowCount % intPageSize == 0)
                intPageCount = intRowCount / intPageSize;
            else
                intPageCount = (int) Math.floor(intRowCount / intPageSize) + 1;
            if (intPageCount == 0)
                intPageCount = 1;
```

项目 ❼ "天码行空"网站的设计与实现

```java
            if (intPage< 1)
                intPage = 1;
            if (intPage>intPageCount)
                intPage = intPageCount;

            if (intRowCount>intPageSize) {
                s = "<table class=\"am-table am-table-striped\" width=\"90%\" border=\"0\" align=\"center\" cellpadding=\"2\" cellspacing=\"0\"><tr>";
                s = s + "<td width=\"80%\" height=\"30\" class=\"chinese\"><span class=\"chinese\">";
                s = s + "当前第" + intPage + "页/共" + intPageCount+ "页,    共" + intRowCount
                        + "条记录,    " + intPageSize + "条/页";

                int showye = intPageCount;

                if (showye> 10)
                    showye = 10;
                for (i = 1; i<= showye; i++)
                    ;
                s = s + "</span></td>";
                s = s + "<td width=\"20%\">";
                s = s + "<table width=\"100%\" border=\"0\">";
                s = s + "<tr><td><div align=\"right\"><span class=\"chinese\">";
                s = s
                        + "<select id=\"ipage\" name=\"ipage\" class=\"chinese\" onChange=\"jumpMenu('self',this,0)\">";
                s = s + "<option value=\"\" selected>请选择</option>";

                for (i = 1; i<= intPageCount; i++) {
                    String sSelect = i == intPage ? "SELECTED" : "";
                    s = s + "<option value=\"" + sPage + "intPage=" + i + "\""
                            + sSelect + ">第" + i + "页</option>";
                }

                s = s + "</select></span></div>";
                s = s + "</td></tr></table>";
                return s + "</td></tr></table>";
            }

            return "";
        } catch (Exception e) {
        }
        return "分页出错!";
    }

    public String PageFront(String sPage, ResultSet rs, int intPage,
            int intPageSize) {
        String s = null;
```

```
        int i = 0;
        try {
            rs.last();

            int intRowCount = rs.getRow();
            int intPageCount;
            if (intRowCount % intPageSize == 0)
                intPageCount = intRowCount / intPageSize;
            else
                intPageCount = (int) Math.floor(intRowCount / intPageSize) + 1;
            if (intPageCount == 0)
                intPageCount = 1;

            if (intPage< 1)
                intPage = 1;
            if (intPage>intPageCount)
                intPage = intPageCount;

            if (intRowCount>intPageSize) {
                s = "<table width=\"90%\" border=\"0\" align=\"left\" cellpadding=\"2\" cellspacing=\"0\"><tr>";
                s = s
                        + "<td style=\"text-align:left\" width=\"80%\" height=\"30\" class=\"chinese\"><span class=\"chinese\">";
                s = s + "当前第" + intPage + "页/共" + intPageCount
                        + "页,    共" + intRowCount
                        + "条记录,    " + intPageSize
                        + "条/页       ";

                int showye = intPageCount;
                if (showye> 10)
                    showye = 10;
                for (i = 1; i<= showye; i++) {
                    if (i == intPage)
                        s = s + " " + i + " ";
                    else {
                        s = s + "  <a style=\"color:#3F862E\" href=\""
                                + sPage + "intPage=" + i + "\">" + i + "</a> ";
                    }
                }
                s = s + "</span></td>";

                return s + "</tr></table>";
            }

            return "";
        } catch (Exception e) {
        }
        return "分页出错!";
    }
}
```

```java
public boolean AddLog(String[] s) {
    try {
        Connection Conn = this.DBConn.getConn();
        Statement stmt = Conn.createStatement(1004, 1007);

        for (int i = 0; i<s.length; i++) {
            s[i] = getStrCN(CheckReplace(s[i]));
        }
        String sql = "insert into Log (User,LogType,LogTime,IP,Result) values (";
        sql = sql + "'" + s[0] + "',";
        sql = sql + "'" + s[1] + "',";
        sql = sql + "'" + s[2] + "',";
        sql = sql + "'" + s[3] + "',";
        sql = sql + "'" + s[4] + "')";
        stmt.executeUpdate(sql);
        stmt.close();
        Conn.close();
        return true;
    } catch (SQLException e) {
    }
    return false;
}

public String OutError(String s) {
    try {
        StringBuffer sb = new StringBuffer();
        sb.append("<br><br><table width=\"60%\" border=\"0\" align=\"center\" cellpadding=\"0\" cellspacing=\"0\">\r\n");
        sb.append("<tr><td align=\"center\" valign=\"top\">\r\n");
        sb.append("<table width=\"90%\" border=\"1\" align=\"center\" cellpadding=\"6\" cellspacing=\"1\">\r\n");
        sb.append("<tr class=\"chinese\" height=\"25\"><td height=\"27\" background=\"images/bg.gif\" class=\"info\">\r\n");
        sb.append("<div align=\"center\" class=\"title\">错误页面</div></td></tr>\r\n");
        sb.append("<tr class=\"chinese\" height=\"25\"><td><table cellspacing=\"4\" cellpadding=\"1\">\r\n");
        sb.append("<tr><td width=\"511\" height=\"80\" align=\"middle\" valign=\"top\">\r\n");
        sb.append("<p align=\"left\"><span class=\"info1\">操作出错:</span></p><div align=\"left\" class=\"info1\">");
        sb.append(s + "</div></td></tr></table></td></tr>\r\n");
        sb.append("<tr><td background=\"images/bg.gif\" height=\"20\" valign=\"middle\"><div align=\"center\" class=\"chinese\">\r\n");
        sb.append("<a href=\"#\" onClick=\"javascript:history.go(-1)\">返回</a></div></td></tr></table></td></tr></table><br><br>\r\n");
        return sb.toString();
    } catch (Exception e) {
    }
    return "操作出错!";
}
```

```java
    public String OutWarn(String s) {
        try {
            StringBuffer sb = new StringBuffer();
            sb.append("<br><br><form name=\"form1\" method=\"post\" action=\"\">\r\n");
            sb.append("<table border=\"1\" align=\"center\" cellpadding=\"1\" cellspacing=\"2\">\r\n");
            sb.append("<tr><td width=\"400\" height=\"80\" align=\"middle\" valign=\"top\">\r\n");
            sb.append("<div align=\"left\" class=\"info1\">系统警告:<br><br>\r\n");
            sb.append("    ");
            sb.append(s);
            sb.append("</div></td></tr>\r\n");
            sb.append("<tr><td height=\"20\" align=\"middle\" valign=\"top\"><div align=\"center\">\r\n");
            sb.append("<input name=\"Submit\" type=\"button\" class=\"button\" value=\"取消\" onClick=\"javascript:history.go(-1);\">  \r\n");
            sb.append("<input name=\"OK\" type=\"hidden\" id=\"OK\" value=\"Yes\">\r\n");
            sb.append("<input name=\"Submit2\" type=\"submit\" class=\"button\" value=\"确定\">\r\n");
            sb.append("</div></td>\r\n");
            sb.append("</tr></table></form>\r\n");
            return sb.toString();
        } catch (Exception e) {
        }
        return "操作出错!";
    }


//获取新闻列表
public String BufferListNews(StringBuffer sb, ResultSet rs, String strPage,
        String sPage) throws SQLException {

    int i;
    int intPage = 1;
    int intPageSize = 5;

    if (!rs.next()) {
        sb.append("<tr height=\"25\" bgcolor=\"#d6dff7\" class=\"info1\"><td colspan=\"4\">\r\n");
        sb.append("<div align=\"center\"><b>没有记录!</b></div></td></tr>\r\n");
    } else {

        intPage = StrToInt(sPage);
        sPage = CheckReplace(strPage);
        if (intPage == 0)
            intPage = 1;

        rs.absolute((intPage - 1) * intPageSize + 1);
        i = 0;
```

项目 ❼ "天码行空"网站的设计与实现

```java
            while (i<intPageSize&& !rs.isAfterLast()) {
                int NewsID = rs.getInt("NewsID");
                String NewsTitle = rs.getString("NewsTitle");
                String NewsContent = rs.getString("NewsContent");
                String NewsTime = rs.getString("NewsTime");
                String AdminName = rs.getString("AdminName");

                sb.append("<tr>");
                sb.append("<td class=\"table-id\">" + NewsID + "</td>");

                sb.append("<td>" + NewsTitle + "</td>");
                sb.append("<td class=\"table-title\">" + AdminName + "</td>");
                sb.append("<td class=\"table-title\">" + NewsTime + "</td>");
                sb.append("<td><div class=\"am-btn-toolbar\">");
                sb.append("<div class=\"am-btn-group am-btn-group-xs\">");
                sb.append("<input type=\"hidden\" value=\"" + NewsID + "\">");
                sb.append("<input type=\"hidden\" value=\"" + NewsContent
                        + "\">");
                sb.append("<input type=\"hidden\" value=\"" + NewsTitle + "\">");
                sb.append("<a style=\"background:#2167A9\" onclick=\"edit(this);
\"");
                sb.append("class=\"am-btn am-btn-primary am-btn-xs \"");
                sb.append("href=\"javascript:void(0);\"><span></span>修改<a> ");
                sb.append("<a rel=\""
                        + NewsID
                        + "\" onclick=\"del(this);\" class=\"am-btn am-btn-warning am-btn-xs \" href=\"javascript:void(0);\"> "
                        + "<span></span>删除<a>");
                sb.append("</div></div></td></tr>");
                rs.next();
                i++;
            }
        sb.append(Page(sPage, rs, intPage, intPageSize));
    }
    return sb;
}

//添加新闻信息
public String AddNews(Connection Conn, Statement stmt, ResultSet rs,
        String[] s) throws SQLException {

    int z = 0;
    int newNum = 0;

    if (!rs.next()) {
        newNum = 1;
    } else {
        while (z < 1 && !rs.isAfterLast()) {
            int NewsID = rs.getInt("NewsID");
            newNum = NewsID + 1;
            break;
```

```java
            }
        }

        for (int i = 0; i<s.length; i++) {
            if (i != 1)
                s[i] = getStrCN(CheckReplace(s[i]));
            else
                s[i] = getStrCN(s[i]);
        }

        SimpleDateFormat format1 = new SimpleDateFormat("yyyy-MM-dd HH:mm");
        String newsTime = format1.format(new Date());

        StringBuffer sql = new StringBuffer();
        sql.append("insert into News (NewsID,NewsTitle,NewsContent,NewsTime,AdminName) values ("
                + " ' "
                + newNum
                + "','"
                + " ' "
                + s[0]
                + "','"
                + " ' "
                + s[1]
                + "'," + " ' " + newsTime + "'," + " 'mr')");
        try {

            Conn.setAutoCommit(false);
            stmt.execute(sql.toString());
            Conn.commit();
            Conn.setAutoCommit(true);
            stmt.close();
            Conn.close();

            return "Yes";
        } catch (Exception e) {
            Conn.rollback();
            e.printStackTrace();
            Conn.close();
            return "添加成功!";
        }
    }

//删除新闻信息
    public boolean DelNews(Connection Conn, Statement stmt, int NewsID)
            throws SQLException {
        if (NewsID == 0)
            return false;
        else {
            try {
                String sql = "delete from News where NewsID=" + NewsID;
```

项目 ❼ "天码行空"网站的设计与实现

```java
                Conn.setAutoCommit(false);
                stmt.executeUpdate(sql);

                Conn.commit();
                Conn.setAutoCommit(true);

                stmt.close();
                Conn.close();
                return true;
        } catch (Exception e) {
            Conn.rollback();
            // e.printStackTrace();
            Conn.close();
            return false;
        }
    }
}

//修改新闻信息
  public String EditNews(Connection Conn, Statement stmt, String[] s,
          String newsId) throws SQLException {
      for (int i = 0; i<s.length; i++) {
          s[i] = getStrCN(CheckReplace(s[i]));
      }

      int NewsID = StrToInt(newsId);

      StringBuffer sql = new StringBuffer();
      sql.append("update News set NewsTitle='" + s[0] + "'"
              + " ,NewsContent='" + s[1] + "'" + " where NewsID='" + NewsID
              + "'");

      stmt.executeUpdate(sql.toString());
      stmt.close();
      Conn.close();

      return "Yes";
  }

//获取新闻信息列表
  public StringBuffer ListNewsFront(StringBuffer sb, ResultSet rs,
          String toPage, String pageNum) throws SQLException {
      int i;
      int intPage = 1;
      int intPageSize = 5;
      if (!rs.next()) {
          sb.append("<tr height=\"25\" bgcolor=\"#d6dff7\" class=\"info1\"><td colspan=\"5\">\r\n");
          sb.append("<div align=\"center\"><b>没有记录!</b></div></td></tr>\r\n");
```

```java
        } else {
            intPage = StrToInt(pageNum);
            toPage = CheckReplace(toPage);
            if (intPage == 0)
                intPage = 1;

            rs.absolute((intPage - 1) * intPageSize + 1);
            i = 0;
            while (i<intPageSize&& !rs.isAfterLast()) {
                int NewsID = rs.getInt("NewsID");
                String NewsTitle = rs.getString("NewsTitle");
                String NewsTime = rs.getString("NewsTime");
                String AdminName = rs.getString("AdminName");

                sb.append("<tr>");
                sb.append("<td>" + NewsTitle + "</td>");
                sb.append("<td style=\"text-align:center\">" + AdminName + "</td>");
                sb.append("<td style=\"text-align:center\">" + NewsTime + "</td>");
                sb.append("<td style=\"text-align:center\"><a style=\"color:#3F862E\" target=\"_blank\" href=\"newsFrontDetail.jsp?newsId="
                        + NewsID + "\">详情</a></td></tr>");

                rs.next();
                i++;
            }
            sb.append(PageFront(toPage, rs, intPage, intPageSize));
        }
        return sb;
    }

//获取每条新闻详细信息
    public StringBuffer FrontNewsDetail(StringBuffer sb, ResultSet rs)
            throws SQLException {
        int i = 0;
        while (i< 1 && !rs.isAfterLast()) {
            rs.next();
            String NewsTitle = rs.getString("NewsTitle");
            String NewsContent = rs.getString("NewsContent");

            String[] content = NewsContent.split("#");

            sb.append("<br><h2 style=\"font-size:28px;margin-left:30px\">"
                    + NewsTitle + "</h2>");

            for (int j = 0; j <content.length; j++) {
                sb.append("<p>" + content[j] + "</p>");
            }
            rs.next();
            i++;
```

```
        }
        return sb;
}
```

2. 创建 News 类

根据业务需要,在"天码行空"网站项目的包"jspSamples.unit7.websiteSample"下创建并实现新闻管理类(News 类)。

新闻管理类中包含跟新闻管理功能相关的实现方法,主要实现代码如下。

```java
package jspSamples.unit7.websiteSample;

import java.sql.Connection;
import java.sql.ResultSet;
import java.sql.Statement;
/**
 * 文件名: News.java
 * 文件功能描述: 新闻管理模块的增、删、改、查功能操作
 */
public class News {

    DBConnection DBConn = new DBConnection();        //引入数据库连接
    Function Fun = new Function();                   //引入功能命令,如验证密码、页面渲染等

    /**
     * 方法名: ListNews
     * 功能描述: 实现新闻列表页(查)
     * @param toPage: 分页跳转页面地址; pageNum: 每页显示记录数量
     * @return: 数据库查询,新闻列表字符串结果集
     * Created by 天码行空
     */
    public String ListNews(String toPage, String pageNum) {
        try {
            Connection Conn = DBConn.getConn();          //获取数据库
            Statement stmt = Conn.createStatement();     //创建数据库连接状态
            ResultSet rs = null;                         //创建结果集查询
            StringBuffer resultData = new StringBuffer();//创建结果字符串集合
            String sSql = "select * from News order by NewsID desc";
                                                         //创建数据库查询语句
            rs = stmt.executeQuery(sSql);                //执行数据库查询
            resultData=Fun.ListNews(resultData,rs,toPage,pageNum);
                                                         //获取返回分页结果
            rs.close();                                  //关闭结果集查询连接
            stmt.close();                                //关闭数据库连接
            Conn.close();
            return resultData.toString();                //给前台返回结果集
```

```java
        } catch (Exception e) {
            return "No";                                    //若获取数据库失败,返回"No"
        }
    }

    /**
     * 方法名:AddNews
     * 功能描述:新增新闻数据记录(增)
     * @param newsData:需要提交的新闻数据
     * @return:返回新增后的状态。返回"yes",说明新增成功,否则新增失败。
     * Created by 天码行空
     */
    public String AddNews(String [] newsData)
    {
        try
        {
        Connection Conn = DBConn.getConn();             //获取数据库
        Statement stmt = Conn.createStatement();        //创建数据库连接状态
        ResultSet rs = null;                            //创建结果集查询
        String sSql = "select * from News order by NewsID desc";
                                                        //创建数据库查询语句
        rs = stmt.executeQuery(sSql);                   //执行数据库查询
        String result=Fun.AddNews(Conn,stmt,rs,newsData);       //获取查询结果
        return result;                                  //返回 result 结果
        }catch(Exception e){
            return "添加失败";                           //若获取数据库失败,返回"添加失败"
        }
    }

    /**
     * 方法名:DelNews
     * 功能描述:删除单条新闻数据。
     * @param newsId:新闻的主键
     * @return:返回删除后的状态。返回 true,说明删除成功,否则删除失败
     * Created by 天码行空
     */
    public boolean DelNews(String newsId)
{
    try{
        Connection Conn = DBConn.getConn();             //获取数据库
        Statement stmt = Conn.createStatement();        //创建数据库连接状态
        int NewsID = Fun.StrToInt(newsId);              //将字符串 newsId 转化为数字类型 NewsID
        return Fun.DelNews(Conn,stmt,NewsID);           //删除数据并返回删除结果
    }catch(Exception e){
        return false;
```

```java
    }
}

/**
 * 方法名：EditNews
 * 功能描述：修改单条新闻数据（改）
 * @param newsId：新闻的主键；newsData：修改数据
 * @return：返回修改后的状态。返回"yes"，说明修改成功，否则修改失败
 * Created by 天码行空
 */
public String EditNews(String[] newsData, String newsId) {
    try {
        Connection Conn = DBConn.getConn();              //获取数据库
        Statement stmt = Conn.createStatement();    //创建数据库连接状态
        return Fun.EditNews(Conn,stmt,newsData,newsId); //修改操作，并且返回状态
    } catch (Exception e) {
        return "数据库连接失败！";
    }
}


/**
 * 方法名：ListNewsFront
 * 功能描述：前台新闻列表页面
 * @param toPage：分页跳转页面地址；pageNum：每页显示记录数量
 * @return：数据库查询，新闻列表字符串结果集
 * Created by 天码行空
 */
public String ListNewsFront(String toPage,String pageNum)
{
    try
    {
    Connection Conn = DBConn.getConn();
    Statement stmt = Conn.createStatement();
    ResultSet rs = null;
    StringBuffer resultData = new StringBuffer();
    String sSql = "select * from News order by NewsID desc";
    rs = stmt.executeQuery(sSql);
    resultData=Fun.ListNewsFront(resultData,rs,toPage,pageNum);
                                                    //获取返回分页结果
    rs.close();
    stmt.close();
    Conn.close();
    return resultData.toString();
}catch(Exception e)
    {
        return "No";
```

```java
        }
    }
    /**
     * 方法名：FrontNewsDetail
     * 功能描述：前台新闻详情页面
     * @param id:文章记录的主键
     * @return：数据库查询，新闻详情字符串结果集
     * Created by 天码行空
     */
    public String FrontNewsDetail(String id) {
        try {
            Connection Conn = DBConn.getConn();
            Statement stmt = Conn.createStatement();
            ResultSet rs = null;
            int NewsID = Fun.StrToInt(id);
            if (NewsID == 0)
                return "No";
            else {
                try {
                    String sql = "select * from News where NewsID=" + NewsID;
                    rs = stmt.executeQuery(sql);
                    StringBuffer sb = new StringBuffer();
                    sb=Fun.FrontNewsDetail(sb, rs);
                    rs.close();
                    stmt.close();
                    Conn.close();
                    return sb.toString();
                } catch (Exception e) {
                    Conn.rollback();
                    Conn.close();
                    return "No";
                }
            }
        } catch (Exception e) {
            return "No";
        }
    }
}
```

7.3.2 后台新闻模块中核心页面的实现

在后台新闻模块中，我们将继续实现新闻列表显示页面、添加新闻页面、修改新闻页面和删除新闻页面。这些页面为管理员用户提供了对新闻信息的交互管理功能。

1. 创建新闻列表显示页面

在"天码行空"网站项目的 web 文件夹的 admin 子文件夹中，新建 new.jsp 页面。

新闻列表显示页面如图 7-14 所示，页面主要内容包括"添加新闻"按钮、"修改"按钮、"删除"按钮、新闻信息列表和翻页下拉框等。

项目 ❼ "天码行空"网站的设计与实现

图 7-14　新闻列表显示页面

新闻列表显示页面的具体实现代码如下。

```jsp
<%@page language="java" import="java.util.*" pageEncoding="GBK"%>
<%@page import="jspSamples.unit7.websiteSample.*"%>
<%
 request.setCharacterEncoding("GBK");  //设置编码方式为GBK
%>
<!doctype html>
<html>
<head>
<meta charset="GBK">
<title>天码行空学习建站</title>
<link rel="stylesheet" href="css/amazeui.min.css"/>
<link rel="stylesheet" href="css/admin.css"/>
<script src="js/main.js"></script>
<script src="js/news.js"></script>
</head>
<body style="background-color:#CDDBE8;">
<header class="am-topbar admin-header" style="background-color:#2167A9;
height:60px">
    <div class="am-topbar-brand" style="color:white;font-size:20px">
        <imgsrc="img/logo1.png" width="50px"/><strong>  天码行空学习
建站</strong><small>后台管理</small>
    </div>
    <div class="am-collapse am-topbar-collapse" id="topbar-collapse">
        <ul
            class="am-nav am-nav-pills am-topbar-nav am-topbar-right
admin-header-list">
            <li class="am-dropdown" ><a class="am-dropdown-toggle"
style="color:white"
                href="login.jsp">退出</a></li>
        </ul>
```

```html
        </div>
</header>

<div class="am-cf admin-main" style="height:760px;background:#CDDBE8;">
    <!--左侧菜单 -->
    <div class="admin-sidebar am-offcanvas" style="background-color:#859FCD;margin:10px 10px" id="admin-offcanvas">
        <div class="am-offcanvas-bar admin-offcanvas-bar" style="height:200px">
            <ul class="am-list admin-sidebar-list" >
                <li style="background-color:#859FCD;"><a href="news.jsp" style="color:white"title="新闻管理">
                    <imgsrc="img/title1.png" width="25px"/>新闻管理</a></li>
                <li style="background-color:#859FCD;"><a href="notice.jsp" style="color:white" title="公告管理">
                    <imgsrc="img/title2.png" width="25px"/>公告管理</a></li>
                <li style="background-color:#859FCD;"><a href="adminUser.jsp" style="color:white" title="管理员管理">
                    <imgsrc="img/title3.png" width="25px"/>管理员管理</a></li>
            </ul>
        </div>
    </div>

    <!--新闻列表 -->
    <div class="admin-content" style="margin:10px 10px">
        <div class="am-cf am-padding">
            <div class="am-fl am-cf">
                <strong>后台管理</strong>/ <strong>新闻管理</strong>
            </div>
        </div>
        <div class="am-g">
            <div class="am-u-sm-12 am-u-md-6">
                <div class="am-btn-toolbar">
                    <div class="am-btn-group am-btn-group-xs">
                        <button type="button" class="am-btn am-btn-warning"
                            data-am-modal="{target: '#new-popup'}">
                            <span class="am-icon-plus"></span>添加新闻
                        </button>
                    </div>
                </div>
            </div>
        </div>

        <div class="am-g" style="height: 300px">
            <div class="am-u-sm-12">
                <form class="am-form">
                    <table class="am-table am-table-striped am-table-hover table-main">
                        <thead>
```

项目 ❼ "天码行空"网站的设计与实现

```
                                <tr>
                                        <th class="table-id">序号</th>
                                        <th class="table-title">新闻标题</th>
                                        <th class="table-title">创建人</th>
                                        <th class="table-author">创建时间</th>
                                        <th class="table-author">操作</th>
                                </tr>
                                </thead>
                                <tbody>
<%
request.setCharacterEncoding("GBK");
News news = new News();
String pageNum = request.getParameter("intPage");   //获取每页显示记录的数量
String toPage = request.getContextPath() + request.getServletPath()+ "?";
//获取跳转页面的地址
String sOK = news.ListNews(toPage, pageNum);
                                        //调用方法 ListNews()，获取后台返回的页面结果
if (sOK.equals("No")) {
        out.println("数据服务器出现错误!");    //返回"No"，说明返回失败
} else {
        out.println(sOK);                     //表示成功，渲染出结果值
}
%>
                                </tbody>
                        </table>
                </form>
            </div>
        </div>
    </div>
</div>
<footer>
    <hr>
    <p style="text-align: center;color:#2167A9" class="am-padding-left">
天码行空学习建站</p>
</footer>

<!--新增新闻 -->
<div class="am-popup" id="new-popup">
        <div class="am-popup-inner">
            <div class="am-popup-hd">
                <h4 class="am-popup-title">
                    添加新闻
                </h4>
                <span data-am-modal-close class="am-close">&times;</span>
            </div>

            <div class="am-popup-bd">
                <!--提交新闻数据记录 -->
                <form action="newsAdd.jsp" method="post"
```

```html
                                class="am-form" id="new-msg">
                            <fieldset>
                                <div class="am-form-group">
                                    <label for="doc-vld-ta-2-1">
                                        新闻标题:
                                    </label>
                                    <input name="NewsTitle" type="text" maxlength="32"
                                        placeholder="请输入新闻标题" data-validation-message="不能为空" required />
                                </div>
                                <div class="am-form-group">
                                    <label for="doc-vld-ta-2-1">
                                        新闻内容:
                                    </label>
                                    <textarea name="NewsContent" cols="30" rows="10"
                                        placeholder="请输入新闻内容。段落间请用#分隔。" data-validation-message="不能为空" required></textarea>
                                </div>
                                
                                <input name="Action" type="hidden" value="Add">
                                <button class="am-btn am-btn-secondary" type="submit">
                                    提交
                                </button>
                                <button onclick='$("#new-popup").modal("close");'
                                    class="am-btn am-btn-secondary" type="button">
                                    关闭
                                </button>
                            </fieldset>
                        </form>
                        <!--提交新闻数据记录结束 -->
                    </div>
                    
            </div>
        </div>
<!--新增新闻结束 -->
<!--删除新闻开始 -->
<div class="am-modal am-modal-confirm" tabindex="-1" id="my-confirm">
    <div class="am-modal-dialog">
        <div class="am-modal-bd">
            确定要删除当前新闻吗?
        </div>
        <div class="am-modal-footer">
            <span class="am-modal-btn" data-am-modal-cancel>取消</span>
            <span class="am-modal-btn" data-am-modal-confirm>确定</span>
        </div>
```

项目 ❼ "天码行空"网站的设计与实现

```html
            </div>
        </div>
    <!--删除新闻结束 -->
    <!--修改新闻开始 -->
    <div class="am-popup" id="edit-popup">
            <div class="am-popup-inner">
                    <div class="am-popup-hd">
                            <h4 class="am-popup-title">
                                    修改新闻
                            </h4>
                            <span data-am-modal-close class="am-close">&times;</span>
                    </div>

                    <div class="am-popup-bd">
                            <form action="newsEdit.jsp" method="post"
                                class="am-form" id="edit-msg">
                                    <fieldset>
                                            <div class="am-form-group">
                                                    <label for="doc-vld-ta-2-1">
                                                            新闻标题:
                                                    </label>
                                                    <input id="upd_NewsTitle" name="upd_NewsTitle" type="text" maxlength="32"
                                                            placeholder="请输入新闻标题" data-validation-message="不能为空" required />
                                            </div>
                                            <div class="am-form-group">
                                                    <label for="doc-vld-ta-2-1">
                                                            新闻内容:
                                                    </label>
                                                    <textarea id="upd_NewsContent" name="upd_NewsContent" cols="30" rows="10"
                                                            placeholder="请输入新闻内容" data-validation-message="不能为空" required></textarea>
                                            </div>

                                            <input name="Action" type="hidden" value="Edit">
                                            <input id="newsId" name="newsId" type="hidden" value="">

                                            <button class="am-btn am-btn-secondary" type="submit">
                                                    提交
                                            </button>
                                            <button onclick='$("#edit-popup").modal("close");'
                                                class="am-btn am-btn-secondary" type="button">
                                                    关闭
                                            </button>
                                    </fieldset>
                            </form>
```

```
            </div>
        </div>
    </div>
    <!--修改新闻结束 -->
</body>
</html>
```

2. 创建添加新闻页面

在"天码行空"网站项目的 web 文件夹的 admin 子文件夹中,新建 newsAdd.jsp 页面。

添加新闻页面如图 7-15 所示,页面主要内容包括"新闻标题"文本框、"新闻内容"文本框、"提交"按钮和"关闭"按钮等。

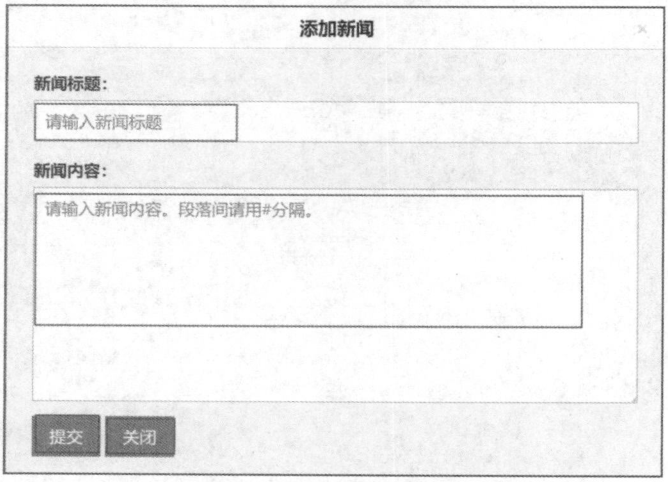

图 7-15 添加新闻页面

添加新闻页面的具体实现代码如下。

```
<%@page contentType="text/html; charset=GBK" language="java" %>
<%@page import="jspSamples.unit7.websiteSample.*"%>
<%
request.setCharacterEncoding("GBK");
News news = new News();
String Action = request.getParameter("Action");

if (Action!=null &&Action.equals("Add"))
{
    String[] s = new String[2];                              //创建字符串数组
    s[0] = request.getParameter("NewsTitle");                //获取新闻标题
    s[1] = request.getParameter("NewsContent");              //获取新闻内容
    String result = news.AddNews(s);                         //将新闻记录数据提交给后台
    if (result.equals("Yes"))                                //根据返回的结果判断页面走向
    {
        out.print("<script>alert('添加新闻成功!');location.href='news.jsp';</script>");
        return;
    }
```

```
        else
        {
            out.print("<script>alert('添加新闻失败!');location.href=
'news.jsp';</script>");
            return;
        }
}
```

3. 创建修改新闻页面

在"天码行空"网站项目的 web 文件夹的 admin 子文件夹中，新建 newsEdit.jsp 页面。修改新闻页面的具体实现代码如下：

```
<%@page contentType="text/html;charset=GBK" language="java" %>
<%@page import="jspSamples.unit7.websiteSample.*"%>
<%
request.setCharacterEncoding("GBK");
News News1 = new News();
String NewsID = request.getParameter("newsId");
String Action = request.getParameter("Action");
if (Action!=null &&Action.equals("Edit"))
{
    String[] s = new String[2];
    s[0] = request.getParameter("upd_NewsTitle");
    s[1] = request.getParameter("upd_NewsContent");

    String sOK = News1.EditNews(s,NewsID);
    if (sOK.equals("Yes")){
    out.println("<script>alert('修改新闻成功!');location.href='news.jsp';
</script>");
        return;
    }
    else {
    out.println("<script>alert('修改新闻失败!');location.href='news.jsp';
</script>");
        return;
    }
}
%>
```

4. 创建删除新闻页面

在"天码行空"网站项目的 web 文件夹的 admin 子文件夹中，新建 newsDel.jsp 页面。删除新闻页面的具体实现代码如下：

```
<%@page contentType="text/html;charset=GBK" language="java"%>
<%@page import="jspSamples.unit7.websiteSample.*"%>
<%
request.setCharacterEncoding("GBK");
%>
<%
News news = new News();
String NewsID = request.getParameter("NewsID");              //获取新闻记录的主键
if (news.DelNews(NewsID))                        //将数据提交给后台，获取返回值
```

```
        out.print("<script>alert('删除新闻成功!');location.href='news.jsp';
</script>");
    else {
        out.print("<script>alert('删除新闻失败!');location.href='news.jsp';
</script>");
    }
%>
```

7.3.3 网站前台新闻信息展示功能实现

公司新闻信息展示是企业网站中常见的页面功能之一。在已经完成的后台新闻管理功能的基础上，我们继续实现将新闻信息展示在网站前台页面中的功能。

1. 修改 News 类

在已经创建的 News 类中，添加前台新闻列表显示方法 ListNewsFront()和新闻详细信息显示方法 FrontNewsDetail()。

其核心代码如下。

```java
/**
 * 方法名：ListNewsFront
 * 功能描述：前台新闻列表页面
 * @param toPage：分页跳转页面地址；pageNum：每页显示记录数量
 * @return：数据库查询，新闻列表字符串结果集
 * Created by 天码行空
 */
public String ListNewsFront(String toPage,String pageNum)
{
    try
    {
    Connection Conn = DBConn.getConn();
    Statement stmt = Conn.createStatement();
    ResultSet rs = null;
    StringBuffer resultData = new StringBuffer();
    String sSql = "select * from News order by NewsID desc";
    rs = stmt.executeQuery(sSql);
    resultData=Fun.ListNewsFront(resultData,rs,toPage,pageNum);
                                                //获取返回分页结果
    rs.close();
    stmt.close();
    Conn.close();
    return resultData.toString();
    }catch(Exception e)
    {
        return "No";
    }
}

/**
 * 方法名：FrontNewsDetail
 * 功能描述：前台新闻详情页面
```

项目 ❼ "天码行空"网站的设计与实现

```
 * @param id：文章记录主键
 * @return：数据库查询，新闻详情字符串结果集
 * Created by 天码行空
 */
public String FrontNewsDetail(String id) {
    try {
        Connection Conn = DBConn.getConn();
        Statement stmt = Conn.createStatement();
        ResultSet rs = null;
        int NewsID = Fun.StrToInt(id);
        if (NewsID == 0)
            return "No";
        else {
            try {
                String sql = "select * from News where NewsID=" + NewsID;
                rs = stmt.executeQuery(sql);
                StringBuffer sb = new StringBuffer();
                sb=Fun.FrontNewsDetail(sb, rs);
                rs.close();
                stmt.close();
                Conn.close();
                return sb.toString();
            } catch (Exception e) {
                Conn.rollback();
                Conn.close();
                return "No";
            }
        }
    } catch (Exception e) {
        return "No";
    }
}
```

2. 创建前台新闻列表显示页面

网站的前台新闻列表显示页面如图 7-16 所示。在此页面中将实现新闻列表的显示，并为每条新闻提供一个"详情"的链接。浏览者可以通过链接，进一步查看新闻的详情。

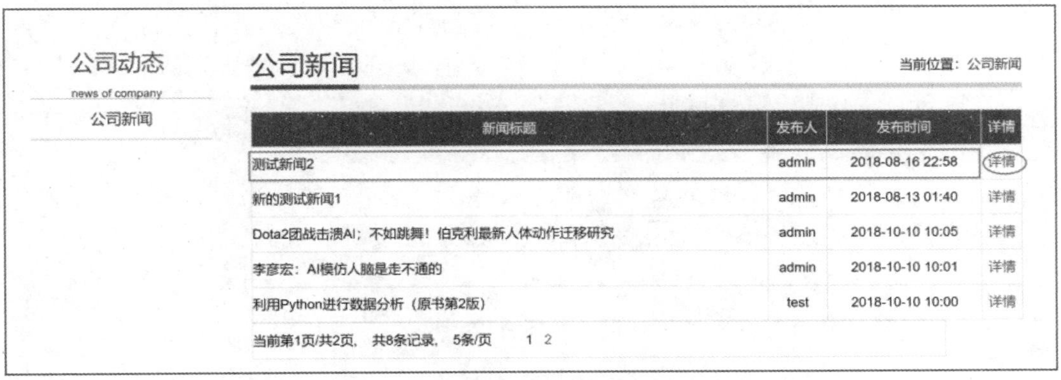

公司动态 news of company	公司新闻			当前位置：公司新闻
公司新闻	新闻标题	发布人	发布时间	详情
	测试新闻2	admin	2018-08-16 22:58	详情
	新的测试新闻1	admin	2018-08-13 01:40	详情
	Dota2团战击溃AI；不如跳舞！伯克利最新人体动作迁移研究	admin	2018-10-10 10:05	详情
	李彦宏：AI模仿人脑是走不通的	admin	2018-10-10 10:01	详情
	利用Python进行数据分析（原书第2版）	test	2018-10-10 10:00	详情
	当前第1页/共2页， 共8条记录， 5条/页 1 2			

图 7-16 前台新闻列表显示页面

在"天码行空"网站项目的 web 文件夹的 front 子文件夹中，新建 newsFrontList.jsp 页面。

前台新闻列表显示页面的具体实现代码如下。

```jsp
<%@page language="java" import="java.util.*" pageEncoding="GBK"%>
<%@page import="jspSamples.unit7.websiteSample.*"%>
<!DOCTYPE html>
<html>
<!--头部-->
<head>
<meta charset="GBK">
<!--网站标题-->
<title>新闻--天码行空学习建站</title>
<!--引入网站的样式-->
<link type="text/css" href="css/style.css" rel="stylesheet">
<!--引入网站的特效-->
<script type=" text/javascript" src="js/fwslider.js"></script>
</head>
<!--头部结束-->
<!--主体-->
<body>
 <div class="bgStyle">
     <div class="header">
         <div class="logo">
             <imgsrc="img/logo.png">
         </div>
         <div class="pull-icon">
             <a id="pull"></a>
         </div>
         <div class="cssmenu">
             <ul>
                 <li><a href="index.html">首页</a></li>
                 <li><a href="about.html">企业简介</a></li>
                 <li><a href="noticeFrontList.jsp">公告</a></li>
                 <li><a href="newsFrontList.jsp">新闻</a></li>
                 <li><a href="product.html">产品介绍</a></li>
                 <li class="last"><a href="contact.html">联系我们</a></li>
             </ul>
         </div>
         <!--清除浮动-->
         <div class="clear"></div>
     </div>
 </div>
 <div class="second_banner">
     <imgsrc="img/news.jpg">
 </div>

 <div class="container">
```

```html
<div class="left">
    <div class="menu_plan">
        <div class="menu_title">
            公司动态<br><span>news of company</span>
        </div>
        <ul id="tab">
            <li><a href="#">公司新闻</a></li>
        </ul>
    </div>
</div>
<div class="right">
    <div class="location">
        <span>当前位置: <a href="javascript:void(0)" id="a"><a
            href="#">公司新闻</a></a></span>
        <div class="brief" id="b">
            <a href="#">公司新闻</a>
        </div>
    </div>
    <div style="font-size: 14px; margin-top: 53px; line-height: 36px;">
        <div id="tab_con">
            <div id="tab_con_2"  >
                <table style="margin-top: 70px; width: 100%">
                    <tbody>
                        <tr class="tt_bg" style="text-align:center">
                            <td>新闻标题</td>
                            <td>发布人</td>
                            <td>发布时间</td>
                            <td>详情</td>
                        </tr>
                        <%
                            request.setCharacterEncoding("GBK");
                            News news = new News();
                            String pageNum = request.getParameter("intPage");
                            String toPage = request.getContextPath() + request.getServletPath()+ "?";
                            String sOK = news.ListNewsFront(toPage, pageNum);
                            if (sOK.equals("No")) {
                                out.println("数据服务器出现错误! ");
                            } else {
                                out.println(sOK);
                            }
                        %>
                    </tbody>
                </table>
            </div>
        </div>
    </div>
</div>
```

```
    </div>
    <div class="bottom">
        <div class="footer">
            <div class="address">
                Copyright 天码行空学习建站
                <br>天码行空学习建站<br>
                <a href="#">天码行空学习建站</a>技术支持<a
                    href="../admin/login.jsp">后台</a>
            </div>
        </div>
</div>
</body>
</html>
```

3. 创建前台新闻详细信息页面

网站的前台新闻详细信息页面如图 7-17 所示。在此页面中将显示每条新闻的详细信息。

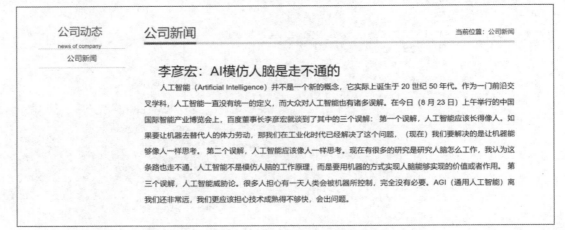

图 7-17 前台新闻详细信息页面

在"天码行空"网站项目的 web 文件夹的 front 子文件夹中,新建 newsFrontDetail.jsp 页面。

前台新闻详细信息页面的具体实现代码如下。

```
<%@page language="java" import="java.util.*" pageEncoding="GBK"%>
<%@page import="jspSamples.unit7.websiteSample.*"%>
<!DOCTYPE html>
<html>
<!--头部-->
<head>
<meta charset="GBK">
<!--网站标题-->
<title>新闻详情--天码行空学习建站</title>
<!--引入网站的样式-->
<link type="text/css" href="css/style.css" rel="stylesheet">
<!--引入网站的特效-->
```

项目 ❼ "天码行空"网站的设计与实现

```html
<script type=" text/javascript" src="js/fwslider.js"></script>
</head>
<!--头部结束-->
<!--主体-->
<body>
 <div class="bgStyle">
      <div class="header">
           <div class="logo">
                <imgsrc="img/logo.png">
           </div>
           <div class="pull-icon">
                <a id="pull"></a>
           </div>
           <div class="cssmenu">
                <ul>
                     <li><a href="index.html">首页</a></li>
                     <li><a href="about.html">企业简介</a></li>
                     <li><a href="noticeFrontList.jsp">公告</a></li>
                     <li><a href="newsFrontList.jsp">新闻</a></li>
                     <li><a href="product.html">产品介绍</a></li>
                     <li class="last"><a href="contact.html">联系我们</a></li>
                </ul>
           </div>
           <!--清除浮动-->
           <div class="clear"></div>
      </div>
</div>
<div class="second_banner">
     <imgsrc="img/news.jpg">
</div>
<div class="container">
     <div class="left">
          <div class="menu_plan">
               <div class="menu_title">
                    公司动态<br><span>news of company</span>
               </div>
               <ul id="tab">
                    <li><a href="#">公司新闻</a></li>
               </ul>
          </div>
     </div>
     <div class="right">
          <div class="location">
               <span>当前位置: <a href="javascript:void(0)" id="a"><a
                    href="#">公司新闻</a></a></span>
               <div class="brief" id="b">
                    <a href="#">公司新闻</a>
               </div>
          </div>
```

199

```html
                    <div style="font-size: 14px; margin-top: 53px; line-height: 36px;">
                        <div id="tab_con">
                            <div id="tab_con_2" >
                                <div class="content_main">
                                    <%
                                        request.setCharacterEncoding("GBK");
                                        News news = new News();
                                        String newsId = request.getParameter("newsId");
                                        String sPage = request.getContextPath() + request.getServletPath()+ "?";
                                        String sOK = news.FrontNewsDetail(newsId);
                                        if (sOK.equals("No")) {
                                            out.println("数据服务器出现错误! ");
                                        } else {
                                            out.println(sOK);
                                        }
                                    %>
                                </div>
                            </div>
                        </div>
                    </div>
                </div>
            </div>
<div class="bottom">
    <div class="footer">
        <div class="address">
            Copyright 天码行空学习建站
            <br>天码行空学习建站<br>
            <a href="#">天码行空学习建站</a>技术支持<a
                href="../admin/login.jsp">后台</a>
        </div>
    </div>
</div>
</body>
</html>
```

按照如上过程可以实现网站前台的新闻信息展示功能。网站前台的公告信息展示功能的实现过程与此相似，因篇幅所限，在此就不赘述了。大家可以在本书配套的资源中获得"天码行空"企业网站项目全部代码和相关资源。

任务 7.4　拓展实训任务

拓展实训任务

本任务主要对"天码行空"网站中的首页实现进行讲解。

7.4.1　拓展实训任务简介

静态页面可以使用 HTML 技术、CSS 技术等制作，简单易学。本网站在实现网站首页、企业简介页面、产品介绍页面和联系我们页面中主要使用静态页面技术。

项目 ❼ "天码行空"网站的设计与实现

因为本书篇幅所限,无法将"天码行空"网站的所有页面代码全部进行展示,这里将以"天码行空"网站中的首页为例,对其开发过程和核心代码进行讲解和展示。

1. 准备工作

首页是网站的入口页面。因为在首页的实现中主要使用静态页面技术,所以在"天码行空"网站项目的 web 文件夹的 front 子文件夹下,创建 HTML File 类型的 index.html 页面,如图 7-18 所示。

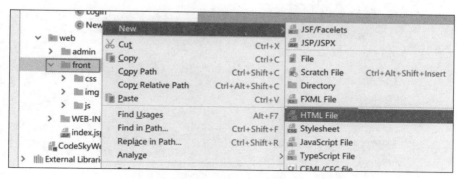

图 7-18 创建 HTML 页面

2. 首页的布局设计

首页的布局设计分为 3 个部分:顶部区域的 Logo 和导航菜单、中间区域的企业形象图、底部区域的网站功能栏目和联系方式等。其页面效果如图 7-19 所示。

图 7-19 首页的页面效果

7.4.2 拓展实训任务实现

在已经创建的 index.html 页面中添加如下的代码,完成首页的功能实现。

```html
<!DOCTYPE html>
<html>
<!--网站头部-->
<head>
<meta charset="GBK">
<!--网站标题-->
<title>首页--天码行空学习建站</title>
<!--引入网站的样式-->
<link type="text/css" href="css/style.css" rel="stylesheet">
</head>
<!--网站头部结束-->
<!--网站主体-->
<body bgcolor="#7fffd4">
 <div class="bgStyle">
      <div class="header">
           <div class="logo">
                <imgsrc="img/logo.png">
           </div>
           <div class="cssmenu">
                <ul>
                     <li><a href="index.html">首页</a></li>
                     <li><a href="about.html">企业简介</a></li>
                     <li><a href="noticeFrontList.jsp">公告</a></li>
                     <li><a href="newsFrontList.jsp">新闻</a></li>
                     <li><a href="product.html">产品介绍</a></li>
                     <li class="last"><a href="contact.html">联系我们</a></li>
                </ul>
           </div>
           <!--清除div的浮动-->
           <div class="clear"></div>
      </div>
</div>
<!--轮播效果-->
<div id="fwslider" style="height: 430px;">
     <!--轮播图片-->
     <div class="slider_container">
          <div class="slide" style="opacity: 1; z-index: 1; display: block;">
               <imgsrc="img/img2.jpg">
          </div>
     </div>
</div>
<div class="main_bg">
     <div class="business">业务领域 BUSINESS</div>
     <div class="wrap" style="width: 72%">
          <div class="grids">
               <div class="grid_1">
                    <a href="#" target="_blank"><img
                        src="img/pic1.png"></a>
```

```html
            </div>
            <div class="grid_1">
                <a href="#" target="_blank"><img
                    src="img/pic2.png"></a>
            </div>
            <div class="grid_1">
                <a href="#" target="_blank"><img
                    src="img/pic3.png"></a>
            </div>
            <div class="grid_1">
                <a href="#" target="_blank"><img
                    src="img/pic4.png"></a>
            </div>
            <div class="grid_1">
                <a href="#" target="_blank"><img
                    src="img/pic5.png"></a>
            </div>
            <div class="clear"></div>
        </div>
    </div>
</div>
<div class="address" style="color: black">
    Copyright 天码行空学习建站
    <br>天码行空学习建站<br>
    <a href="#" style="color: black">天码行空学习建站</a>
    技术支持<a href="../admin/login.jsp" style="color: red">  后台
</a>
</div>
</body>
</html>
```

项目小结

本项目主要介绍了"天码行空"网站的系统功能结构，系统业务流程，系统开发环境，系统数据库设计，网站登录模块的实现，网站新闻管理模块的实现，网站首页的实现等知识。通过对本项目的学习，大家对使用 HTML + JSP + JavaBean + JDBC 的开发技术完成一个网站的设计和实现有了初步的了解，为后面的学习打下坚实的基础。

考核与评价

表 7-4 用于记录学习完成人在学习过程中的形成性表现，主要围绕能力素养、知识点掌握和其他表现等情况进行综合性评价。能力考核点从理解学习目标的能力、自主逻辑思维的能力、吸收知识的能力、编写项目程序的能力、解决问题的能力、总结反思的能力 6 个维度进行相关的评价。知识考核点从网站系统功能分析与设计、网站登录模块的实现、网站新闻管理模块的实现、网站首页的实现 4 个维度进行相关的评价。表现考核点从学习出勤情况、学习态度情况、学习纪律情况 3 个维度进行相关的评价。综合性评价可以分为优、良、中、合格和不合格 5 个等级。学习指导者可以根据学习完成人在本项目学习过程中的具体表现，在表 7-4 中给出相关部分的评语、得分和综合性评价。

表 7-4 考核与评价表

项目名称			学习完成人	
学习时间			综合性评价	
能力素养情况评分（40 分）				
序号	能力考核点	评语	配分	得分
1	理解学习目标的能力		5	
2	自主逻辑思维的能力		5	
3	吸收知识的能力		5	
4	编写项目程序的能力		10	
5	解决问题的能力		10	
6	总结反思的能力		5	
知识点掌握情况评分（40 分）				
序号	知识考核点	评语	配分	得分
1	网站系统功能分析与设计		10	
2	网站登录模块的实现		10	
3	网站新闻管理模块的实现		15	
4	网站首页的实现		5	
其他表现情况评分（20 分）				
序号	表现考核点	评语	配分	得分
1	学习出勤情况		5	
2	学习态度情况		10	
3	学习纪律情况		5	

课后习题

简答题

（1）简述"天码行空"网站的系统功能结构。

（2）简述"天码行空"网站的系统业务流程。

（3）简述"天码行空"网站的系统数据库表。

项目 ⑧ "孕婴网"网站的设计与实现

本项目将完成"孕婴网"网站的设计与实现。在开发中运用软件工程的设计思想指导网站项目的设计,学习综合运用 JSP 技术、JDBC 技术、JavaBean 技术和 Servlet 技术等完成"孕婴网"网站的开发。

学习目标

知识目标
1. 熟悉网站系统的功能结构
2. 熟悉网站系统的文件组织结构
3. 熟悉网站系统的数据库设计

能力目标
1. 掌握网站公共模块的实现
2. 掌握网站会员管理模块的实现

素养目标
1. 培养不断获取新知识和新技能的学习能力
2. 培养运用知识解决实际问题的实践能力

课堂与人生

细节决定成败。

任务 8.1 系统功能分析与设计

本任务主要对"孕婴网"网站的系统功能分析与设计进行讲解,主要内容包括:系统功能结构分析、系统开发环境和系统数据库设计。

8.1.1 系统功能结构分析

近些年,随着人们生活水平的提高,对孕婴产业的服务质量的要求越来越高,提供孕婴服务的机构不断增多。孕婴服务优势宣传和对外展示的网站,已经成为大部分孕婴服务机构必不可少的信息化建设内容之一。本项目中的"孕

课堂与人生

系统功能
分析与设计

婴网"网站，根据目前大部分提供孕婴服务网站的基本需求，进行了以下 8 个功能模块的设计。

- 网站主页：网站主页展示整个孕婴服务机构的风貌与经营理念，起到导航作用。
- 关于我们：介绍孕婴服务机构的经营方针和服务优势等信息。
- 套餐活动：根据客户所需的服务内容，显示"套餐"的服务价格。
- 专业服务：介绍孕婴服务机构可以提供的专业服务内容与安全措施。
- 企业团队：介绍孕婴服务机构团队的构成和团队成员。
- 房间介绍：介绍孕婴服务机构房间设施以及房间效果图片展示。
- 招贤纳士：发布孕婴服务机构招聘信息，提供人事部门的邮箱与电话等。
- 会员管理：管理员用户通过登录进入，主要提供对会员信息的基本管理功能。

"孕婴网"网站的系统功能结构如图 8-1 所示。

为了使大家对"孕婴网"网站有一个初步的了解和认识，下面先给出本网站的主要页面效果。

"孕婴网"网站主页如图 8-2 所示。

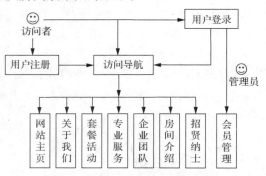

图 8-1 "孕婴网"网站的系统功能结构

图 8-2 "孕婴网"网站主页

项目 ❽ "孕婴网"网站的设计与实现

会员登录页面如图 8-3 所示。

图 8-3 "孕婴网"网站会员登录页面

套餐活动页面如图 8-4 所示。

图 8-4 "孕婴网"网站套餐活动页面

专业服务页面如图 8-5 所示。

图 8-5 "孕婴网"网站专业服务页面

- 企业团队页面如图 8-6 所示。

207

图 8-6 "孕婴网"网站企业团队页面

- 房间介绍页面如图 8-7 所示。

图 8-7 "孕婴网"网站房间介绍页面

8.1.2 系统开发环境

"孕婴网"网站的开发将使用之前学习过的 HTML 技术、CSS 技术、JSP 技术、JDBC 技术、JavaBean 技术、Servlet 技术和 MySQL 数据库等完成。

"孕婴网"网站的开发及测试运行环境如下。

- 操作系统：Windows 7 及以上版本。
- JDK 环境：JDK 1.8 及以上版本。
- 集成开发环境：IntelliJ IDEA 2018 及以上版本。
- Web 服务：Tomcat 8 及以上版本。
- 数据库：MySQL 5 及以上版本。
- 测试浏览器：推荐使用谷歌浏览器。
- 最佳效果显示分辨率：1024 像素×768 像素。

8.1.3 系统数据库设计

根据对"孕婴网"网站系统功能的分析可知，在业务处理过程中要对会员信息、套餐活动信息、企业团队信息、房间介绍信息、专业服务信息和招聘信息等数据进行保存与维护。在此基础上，为系统数据库设计了表 8-1～表 8-8 这 8 个数据库表的内容，以支撑系统功能的需求。系统 MySQL 数据库的名称为 obclub。

1. 会员信息表

会员信息表（见表 8-1），表名称为 MEMBER_INFO，主要用来保存孕婴服务机构的管理员和会员信息等。

项目 ❽ "孕婴网"网站的设计与实现

表 8-1 会员信息表

字段名	数据类型	是否 Null 值	默认值	描述
ID	bigint	否		主键，自增
MEM_USERNAME	varchar(30)	否		会员用户名
MEM_PASSWORD	varchar(30)	否		会员密码
LEVEL_ID	bigint	否		所属会员等级
MEM_NAME	varchar(16)	否		会员姓名
MEM_AGE	varchar(8)	是		会员年龄
MEM_SEX	char(2)	是	男	性别（男、女）
MEM_ADDRESS	varchar(200)	是		家庭住址
MEM_TEL	varchar(32)	是		联系电话（座机）
MEM_PHONE	varchar(32)	否		手机电话
MEM_EMAIL	varchar(64)	是		联系邮箱
REG_TIME	timestamp	否	CURRENT_TIMESTAMP	注册日期
CARD_NO	varchar(32)	是		会员卡号
STATUS	varchar(32)	是		会员状态
MEM_SCORE	float	是		会员积分
MEM_PIC	longblob	是		会员头像

2. 套餐活动信息表

套餐活动信息表（见表 8-2），表名称为 ACTIVITY_INFO，主要用来保存孕婴服务机构提供的优惠套餐和活动信息等。

表 8-2 套餐活动信息表

字段名	数据类型	是否为 NULL	默认值	描述
ID	bigint	否		主键，自增
ACT_TITLE	varchar(128)	否		套餐活动标题
ACT_EXTRA	varchar(128)	是		套餐活动附加标题
ACT_DETAIL	varchar(1024)	是		套餐活动描述
ACT_PIC	longblob	是		套餐活动图片
ACT_PRICE	float	是		套餐活动价格
START_DATE	datetime	是		起始日期
END_DATE	datetime	是		截止日期
CREATEDATE	timestamp	否	CURRENT_TIMESTAMP	记录创建时间
SHOWORDER	int	否		显示顺序
IFSHOW	char(2)	否	是	是否显示在网站

3. 企业团队信息表

企业团队信息表（见表 8-3），表名称为 ORG_INFO，主要用来保存孕婴服务机构的"月嫂"和育婴团队的信息。

表8-3 企业团队信息表

字段名	数据类型	是否为NULL	默认值	描述
ID	bigint	否		主键,自增
ORG_TITLE	varchar(64)	否		团队信息标题
ORG_DETAIL	varchar(512)	是		团队信息介绍
ORG_PIC	longblob	是		团队信息相关图片
CREATEDATE	timestamp	否	CURRENT_TIMESTAMP	记录创建时间
SHOWORDER	int	否		显示顺序
IFSHOW	char(2)	否	是	是否显示在网站

4. 房间介绍信息表

房间介绍信息表(见表 8-4),表名称为 HOUSE_INFO,主要用来保存孕婴服务机构提供的住宿房型和相关价格的信息。

表8-4 房间介绍信息表

字段名	数据类型	是否为NULL	默认值	描述
ID	bigint	否		主键,自增
HOUSE_TITLE	varchar(64)	否		房型名称
HOUSE_PRICE	float	是		房型价格
HOUSE_DETAIL	varchar(512)	是		房型描述
HOUSE_PIC	longblob	是		房型相关图片
CREATEDATE	timestamp	否	CURRENT_TIMESTAMP	记录创建时间
SHOWORDER	int	否		显示顺序
IFSHOW	char(2)	否	是	是否显示在网站

5. 专业服务类型表

专业服务类型表(见表 8-5),表名称为 SERVICE_TYPE,主要用来保存孕婴服务机构可以提供的专业服务类型的信息。

表8-5 专业服务类型表

字段名	数据类型	是否为NULL	默认值	描述
ID	bigint	否		主键,自增
TYPE_TITLE	varchar(64)	否		类型名称
CREATEDATE	timestamp	否	CURRENT_TIMESTAMP	记录创建时间
SHOWORDER	int	否		显示顺序
IFSHOW	char(2)	否	是	是否显示在网站

6. 专业服务信息表

专业服务信息表(见表 8-6),表名称为 SERVICE_INFO,主要用来保存孕婴服务机构可以提供的专业服务的相关具体信息。

项目 ⑧ "孕婴网"网站的设计与实现

表 8-6 专业服务信息表

字段名	数据类型	是否为 NULL	默认值	描述
ID	bigint	否		主键，自增
TYPE_ID	bigint	否		所属专业服务类型
SER_TITLE	varchar(64)	否		服务名称
SER_DETAIL	varchar(512)	是		服务描述
SER_PIC	longblob	是		服务相关图片
CREATEDATE	timestamp	否	CURRENT_TIMESTAMP	记录创建时间
SHOWORDER	int	否		显示顺序
IFSHOW	char(2)	否	是	是否显示在网站

7. 招聘信息表

招聘信息表（见表 8-7），表名称为 JOB_INFO，主要用来保存孕婴服务机构所发布的网络招聘信息。

表 8-7 招聘信息表

字段名	数据类型	是否为 NULL	默认值	描述
ID	bigint	否		主键，自增
JOB_TITLE	varchar(64)	否		职位名称
JOB_DETAIL	varchar(512)	是		职位描述
CREATEDATE	timestamp	否	CURRENT_TIMESTAMP	记录创建时间
SHOWORDER	int	否		显示顺序
IFSHOW	char(2)	否	是	是否显示在网站

8. 会员等级表

会员等级表（见表 8-8），表名称为 MEMBER_LEVEL，主要用来保存孕婴服务机构的会员等级信息。

表 8-8 会员等级表

字段名	数据类型	是否 Null 值	默认值	描述
ID	bigint	否		主键，自增
LEVEL_TITLE	varchar(64)	否		会员等级标题
LEVEL_DETAIL	varchar(200)	是		会员等级描述
LEVEL_PIC	longblob	是		会员等级图片

任务 8.2　公共模块主要功能实现

本任务主要对"孕婴网"网站的公共模块主要功能实现进行讲解，主要内容包括：网站项目准备工作、数据库连接类的实现、保存分页功能的实现、基本工具类的实现和实体类的实现。

公共模块主要
功能实现

8.2.1　网站项目准备工作

开发人员在创建本网站项目前，应按照之前讲解的系统开发环境和系统

211

数据库设计这两部分的内容，准备好相关的系统开发环境和 MySQL 数据库。

1. 创建"孕婴网"网站项目

本书的"孕婴网"网站项目使用 IDEA 进行开发。创建项目的具体步骤在之前已经进行了讲解，此处不赘述。

创建的"孕婴网"网站项目名称为 obClub。创建项目后，在 IDEA 的项目管理面板中，将显示出项目的初始结构。一般情况下，把包和类等内容放在 src 文件夹中，把网站的静态页面与动态页面以及其他相关资源放在 web 文件夹中。

2. 规划文件组织结构

在进行"孕婴网"网站开发之前，我们要对网站整体文件组织结构进行规划，对网站中的文件按照所完成的功能进行合理的分类，分别放置于不同的文件夹之中。通过对文件组织结构的规划，可以确保在开发时网站文件目录明确、条理清晰，也便于网站后期的更新与维护。

"孕婴网"网站的主要文件组织结构如图 8-8 所示。

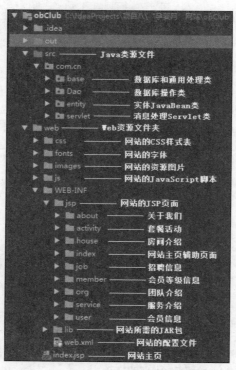

图 8-8 "孕婴网"网站的主要文件组织结构

大家可以将本书配套资源中所提供的 css、fonts、images 和 js 等相关资源，引入网站项目的相关文件或文件夹中，直接使用。

8.2.2 数据库连接类的实现

"孕婴网"网站项目中的数据库连接类要在对 MySQL 数据库访问的过程中使用到。因为有多个模块都需要访问数据库，所以把数据库连接类提炼出来作为公共模块里的一个类，主

项目 ❽ "孕婴网"网站的设计与实现

要用到的方法是建立数据库连接方法 getConn()。

首先在 src 文件夹中创建名称为 com.cn.base 的包。在 IDEA 项目中创建包的具体步骤在之前已经进行了讲解,此处不赘述。

其次,在所创建的包中,创建数据库访问类 BaseDao,主要实现与"孕婴网"网站项目的数据库进行连接的功能。在 IDEA 项目中创建类的具体步骤在之前已经进行了讲解,此处不赘述。

在已创建的数据库访问类 BaseDao 文件中添加如下代码。

```
package com.cn.base;

import com.mysql.jdbc.Connection;

import java.sql.DriverManager;
import java.sql.SQLException;

public class BaseDao {

    public static Connection getConn() {
        String driver = "com.mysql.jdbc.Driver";
        String url=
"jdbc:mysql://127.0.0.1:3306/obClub?useUnicode=true&characterEncoding=GBK";
        String username = "root";
        String password = "";
        Connection conn = null;
        try {
Class.forName(driver); //classLoader,加载对应驱动程序
            conn = (Connection) DriverManager.getConnection(url, username, password);
        } catch (ClassNotFoundException e) {
e.printStackTrace();
        } catch (SQLException e) {
e.printStackTrace();
        }
        return conn;
    }
}
```

8.2.3 保存分页功能的实现

实现保存分页的功能,需要进行显示当前页面、计算总页数、取得页面列表、取得当前页面和取得所有页面等操作。

1. 创建保存页面的实体类

首先,在 src 文件夹中创建名称为 com.cn.entity 的包。其次,在所创建的包中,创建保存页面的实体类 Page。

在已创建的保存页面的实体类 Page 文件中添加如下代码。

```
package com.cn.entity;

public class Page {
```

```java
    private int pageCurrent = 1;            //当前页
    private int pageSize = 3;               //一页显示数目
    private int pageTotal = 1;              //显示多少页

    public Page() {
    }

    public int getPageCurrent() {
        return pageCurrent;
    }

    public void setPageCurrent(int pageCurrent) {
this.pageCurrent = pageCurrent;
    }

    public int getPageSize() {
        return pageSize;
    }

    public void setPageSize(int pageSize) {
this.pageSize = pageSize;
    }

    public int getPageTotal() {
        return pageTotal;
    }

    public void setPageTotal(int pageTotal) {
this.pageTotal = pageTotal;
    }
}
```

2. 创建分页工具泛型类

在前面创建的 **com.cn.base** 包中，创建分页工具泛型类 PageUtil<T>。

在已创建的分页工具泛型类 PageUtil<T>文件中添加如下代码。

```java
package com.cn.base;

import com.cn.entity.Page;

import javax.servlet.http.HttpServletRequest;
import java.util.ArrayList;
import java.util.List;

public class PageUtil<T> {
    /**
     * 计算总页数
     * @param pageSize 一页显示的内容数量
     * @param listSize
     * @return
     */
```

项目 ❽ "孕婴网"网站的设计与实现

```java
    private int showPage(int pageSize, int listSize){
        return (listSize % pageSize == 0) ? (listSize / pageSize) : (listSize / pageSize + 1);
    }

    /**
     * 每页显示第一条对应list的索引
     * @param pageSize
     * @param pageCurrent
     * @return
     */
    private int pageStart(int pageSize, int pageCurrent){
        return pageCurrent * pageSize - pageSize;
    }

    /**
     * 获取当前页list
     * @param page
     * @param list
     * @return
     */
    public List<T>getList(Page page, List<T> list){
        List<T>arrayList = new ArrayList<>();

        if(page.getPageCurrent() > 0) {
            int pageStart = pageStart(page.getPageSize(), page.getPageCurrent());
// 从list第几条开始

            for (int i = page.getPageSize(); i> 0; i--, pageStart++) {
                if ((pageStart) <list.size()) {
                    arrayList.add(list.get(pageStart));
                }
            }
            return arrayList;
        }
        return null;
    }

    /**
     * 获取当前页
     * @param request
     * @return
     */
    private int getPageCurrent(HttpServletRequest request){
        String pageCurrent = request.getParameter("pageCurrent");
        if (pageCurrent != null){
            return Integer.parseInt(request.getParameter("pageCurrent"));
//当前页
        }
        return 1;
    }
```

```java
/**
 * 获取 Page 所有属性
 * @param list: 右侧显示 list
 * @param pageSize: 一页显示内容数量
 * @param request
 * @return
 */
public Page allPage(List<T> list, int pageSize, HttpServletRequest request){
    Page page = new Page();
    page.setPageSize(pageSize);
    page.setPageTotal(showPage(pageSize, list.size()));
    page.setPageCurrent(getPageCurrent(request));    // 当前页
    return page;
}
```

8.2.4 基本工具类的实现

进行网站或其他类型的项目开发时，经常会创建一些基本工具类。基本工具类一般为常用的基本功能的集合，例如处理日期、处理图片、处理二进制数据、数据的加密解密、缓存控制等。

在前面创建的 **com.cn.base** 包中，创建基本工具泛型类 Util<T>。

在已创建的基本工具泛型类 Util<T>文件中添加如下代码。

```java
package com.cn.base;

import org.apache.commons.beanutils.BeanUtils;

import javax.servlet.http.HttpServletRequest;
import java.io.ByteArrayOutputStream;
import java.io.File;
import java.io.FileInputStream;
import java.io.OutputStream;
import java.text.SimpleDateFormat;
import java.util.ArrayList;
import java.util.Date;
import java.util.Enumeration;
import java.util.List;
import java.util.UUID;

public class Util<T> {

    /**
     * 将文件转换为二进制文件
     * @param file
     * @return
     * @throws Exception
     */
    public static byte[] file2byte(File file) throws Exception {
        byte[] buffer = new byte[(int)file.length()];
```

```
        FileInputStream fis = new FileInputStream(file);
        ByteArrayOutputStream bos = new ByteArrayOutputStream();

        byte[] b = new byte[4096];
        int n;
        while ((n = fis.read(b)) != -1) {
            bos.write(b, 0, n);
        }
        fis.close();
        bos.close();
        buffer = bos.toByteArray();
        return buffer;
    }
    /**
     * 改为时间戳格式
     * @param date
     * @return
     */
    public static String changeDate(Date date){
        SimpleDateFormat formatter = new SimpleDateFormat("yyyy-MM-dd HH:mm:ss");
        String dateString = formatter.format(date);
        return dateString;
    }
}
```

8.2.5 实体类的实现

实体类就是由属性及所对应的 getter()方法和 setter()方法组成的类。实体类通常与数据表关联，作为页面和业务功能类之间传递实体表数据的容器。

"孕婴网"网站项目共有 8 个数据库表，都需要通过对应的实体类来实现关联与表现。此处将以房间介绍实体类为例，对其实现过程和核心代码进行讲解。

在前面创建的 com.cn.entity 包中，创建房间介绍实体类 HouseInfo。该实体类用于存储房间相关信息，其与数据库中的房间介绍信息表相关联。其中的属性含义，请参考之前介绍过的房间介绍信息表中的对应字段说明。

在已创建的房间介绍实体类 HouseInfo 文件中添加如下代码。

```
package com.cn.entity;

import java.util.Arrays;
import java.util.Date;

public class HouseInfo {
    private Long id;
    private String houseTitle;
    private Float housePrice;
    private String houseDetail;
    private byte[] housePic;
    private Date createdate;
    private Integer showorder;
    private String ifshow;
```

```java
    public HouseInfo() {
    }
    public HouseInfo(String houseTitle, Date createdate, Integer showorder,
            String ifshow) {
        this.houseTitle = houseTitle;
        this.createdate = createdate;
        this.showorder = showorder;
        this.ifshow = ifshow;
    }
    public HouseInfo(String houseTitle, Float housePrice, String houseDetail,
byte[] housePic, Date createdate, Integer showorder, String ifshow) {
        this.houseTitle = houseTitle;
        this.housePrice = housePrice;
        this.houseDetail = houseDetail;
        this.housePic = housePic;
        this.createdate = createdate;
        this.showorder = showorder;
        this.ifshow = ifshow;
    }
    public Long getId() {
        return id;
    }
    public void setId(Long id) {
        this.id = id;
    }
    public String getHouseTitle() {
        return houseTitle;
    }
    public void setHouseTitle(String houseTitle) {
this.houseTitle = houseTitle;
    }
    public Float getHousePrice() {
        return housePrice;
    }
    public void setHousePrice(Float housePrice) {
this.housePrice = housePrice;
    }
    public String getHouseDetail() {
        return houseDetail;
    }
    public void setHouseDetail(String houseDetail) {
this.houseDetail = houseDetail;
    }
    public byte[] getHousePic() {
        return housePic;
    }
    public void setHousePic(byte[] housePic) {
this.housePic = housePic;
    }
    public Date getCreatedate() {
        return createdate;
    }
```

```java
    public void setCreatedate(Date createdate) {
        this.createdate = createdate;
    }
    public Integer getShoworder() {
        return showorder;
    }
    public void setShoworder(Integer showorder) {
        this.showorder = showorder;
    }
    public String getIfshow() {
        return ifshow;
    }
    public void setIfshow(String ifshow) {
        this.ifshow = ifshow;
    }
    @Override
    public String toString() {
        return "HouseInfo{" +
                "id=" + id +
                ", houseTitle='" + houseTitle + '\'' +
                ", housePrice=" + housePrice +
                ", houseDetail='" + houseDetail + '\'' +
                ", housePic=" + Arrays.toString(housePic) +
                ", createdate=" + createdate +
                ", showorder=" + showorder +
                ", ifshow='" + ifshow + '\'' +
                '}';
    }
}
```

任务 8.3　会员管理模块的实现

本任务对"孕婴网"网站的会员管理模块主要功能的实现进行讲解，主要内容包括：会员管理模块中类的实现、会员管理模块中 Servlet 的实现和会员管理模块中 JSP 页面的实现。

会员管理
模块的实现

8.3.1　会员管理模块中类的实现

会员管理模块主要包括会员登录、会员注册等功能。在进行这些功能的开发前，我们需要先定义相关的业务实现类。下面介绍会员管理模块中主要业务类的实现。

1．创建会员实体类

在前面创建的 com.cn.entity 包中，创建会员实体类 MemberInfo。
在已创建的会员实体类 MemberInfo 文件中添加如下代码。

```java
package com.cn.entity;
import java.util.Arrays;
import java.util.Date;
public class MemberInfo {
    private Long id;
    private String memUsername;
    private String memPassword;
```

```java
    private MemberLevel memberLevel;
    private String memName;
    private String memAge;
    private String memSex;
    private String memAddress;
    private String memTel;
    private String memPhone;
    private String memEmail;
    private Date regTime;
    private String cardNo;
    private String status;
    private Float memScore;
    private byte[] memPic;
    public MemberInfo() { }
    public MemberInfo(MemberLevel memberLevel, String memName, String memPhone, Date regTime) {
        this.memberLevel = memberLevel;
        this.memName = memName;
        this.memPhone = memPhone;
        this.regTime = regTime;
    }
    public MemberInfo(MemberLevel memberLevel, String memName, String memAge,
                     String memSex, String memAddress, String memTel, String memPhone,
                     String memEmail, Date regTime, String cardNo, String status,
                     Float memScore, byte[] memPic) {
        this.memberLevel = memberLevel;
        this.memName = memName;
        this.memAge = memAge;
        this.memSex = memSex;
        this.memAddress = memAddress;
        this.memTel = memTel;
        this.memPhone = memPhone;
        this.memEmail = memEmail;
        this.regTime = regTime;
        this.cardNo = cardNo;
        this.status = status;
        this.memScore = memScore;
        this.memPic = memPic;
    }
    public MemberInfo(MemberLevel memberLevel, String memName, String memAge,
                     String memSex, String memAddress, String memTel, String memPhone,
                     String memEmail, Date regTime, String cardNo, String status,
                     Float memScore) {
        this.memberLevel = memberLevel;
        this.memName = memName;
        this.memAge = memAge;
        this.memSex = memSex;
        this.memAddress = memAddress;
        this.memTel = memTel;
        this.memPhone = memPhone;
        this.memEmail = memEmail;
```

```java
        this.regTime = regTime;
        this.cardNo = cardNo;
        this.status = status;
        this.memScore = memScore;
    }
    public String getMemUsername() {
        return memUsername;
    }
    public void setMemUsername(String memUsername) {
        this.memUsername = memUsername;
    }
    public String getMemPassword() {
        return memPassword;
    }
    public void setMemPassword(String memPassword) {
        this.memPassword = memPassword;
    }
    public Long getId() {
        return id;
    }
    public void setId(Long id) {
        this.id = id;
    }
    public MemberLevel getMemberLevel() {
        return memberLevel;
    }
    public void setMemberLevel(MemberLevel memberLevel) {
        this.memberLevel = memberLevel;
    }
    public String getMemName() {
        return memName;
    }
    public void setMemName(String memName) {
        this.memName = memName;
    }
    public String getMemAge() {
        return memAge;
    }
    public void setMemAge(String memAge) {
        this.memAge = memAge;
    }
    public String getMemSex() {
        return memSex;
    }
    public void setMemSex(String memSex) {
        this.memSex = memSex;
    }
    public String getMemAddress() {
        return memAddress;
    }
    public void setMemAddress(String memAddress) {
        this.memAddress = memAddress;
```

```java
    }
    public String getMemTel() {
        return memTel;
    }
    public void setMemTel(String memTel) {
        this.memTel = memTel;
    }
    public String getMemPhone() {
        return memPhone;
    }
    public void setMemPhone(String memPhone) {
        this.memPhone = memPhone;
    }
    public String getMemEmail() {
        return memEmail;
    }
    public void setMemEmail(String memEmail) {
        this.memEmail = memEmail;
    }
    public Date getRegTime() {
        return regTime;
    }
    public void setRegTime(Date regTime) {
        this.regTime = regTime;
    }
    public String getCardNo() {
        return cardNo;
    }
    public void setCardNo(String cardNo) {
        this.cardNo = cardNo;
    }
    public String getStatus() {
        return status;
    }
    public void setStatus(String status) {
        this.status = status;
    }
    public Float getMemScore() {
        return memScore;
    }
    public void setMemScore(Float memScore) {
        this.memScore = memScore;
    }
    public byte[] getMemPic() {
        return memPic;
    }
    public void setMemPic(byte[] memPic) {
        this.memPic = memPic;
    }
    @Override
    public String toString() {
        return "MemberInfo{" +
```

```
                "id=" + id +
                ", memUsername='" + memUsername + '\'' +
                ", memPassword='" + memPassword + '\'' +
                ", memberLevel=" + memberLevel +
                ", memName='" + memName + '\'' +
                ", memAge='" + memAge + '\'' +
                ", memSex='" + memSex + '\'' +
                ", memAddress='" + memAddress + '\'' +
                ", memTel='" + memTel + '\'' +
                ", memPhone='" + memPhone + '\'' +
                ", memEmail='" + memEmail + '\'' +
                ", regTime=" + regTime +
                ", cardNo='" + cardNo + '\'' +
                ", status='" + status + '\'' +
                ", memScore=" + memScore +
                ", memPic=" + Arrays.toString(memPic) +
                '}';
    }
```

2. 创建数据库表操作类

首先，在 src 文件夹中创建名称为 com.cn.Dao 的包。其次，在所创建的包中，创建数据库表操作类 MemberDao，以实现对相关数据库表中数据的增、删、改、查等业务功能。

在已创建的数据库表操作类 MemberDao 文件中添加如下代码。

```java
package com.cn.Dao;
import com.cn.base.BaseDao;
import com.cn.base.Util;
import com.cn.entity.MemberInfo;
import java.sql.Connection;
import java.sql.ResultSet;
import java.sql.SQLException;
import java.sql.Statement;

public class MemberDao {
    //向数据库中插入会员信息
    public void Insert(MemberInfo memberInfo) throws SQLException {
        Connection connection = BaseDao.getConn();

try{
        Statement state = connection.createStatement();//容器
        String sql = "insert into member_info (MEM_USERNAME, MEM_PASSWORD, LEVEL_ID, MEM_NAME, MEM_AGE, MEM_SEX, MEM_ADDRESS, MEM_TEL, MEM_PHONE, MEM_EMAIL, REG_TIME, CARD_NO, STATUS, MEM_SCORE,MEM_PIC) value ('" +
                memberInfo.getMemUsername() + "','"+
                memberInfo.getMemPassword() + "','" +
                memberInfo.getMemberLevel().getId() + "','" +
                memberInfo.getMemName() + "','" +
                memberInfo.getMemAge() + "','" +
                memberInfo.getMemSex() + "','" +
                memberInfo.getMemAddress() + "','" +
                memberInfo.getMemTel() + "','" +
```

```java
            memberInfo.getMemPhone() + "','" +
            memberInfo.getMemEmail() + "','" +
            Util.changeDate(memberInfo.getRegTime()) + "','" +
            memberInfo.getCardNo() + "','" +
            memberInfo.getStatus() + "','" +
            memberInfo.getMemScore() + "','" +
            memberInfo.getMemPic() + "')";
            state.executeUpdate(sql);
    }catch (Exception e){
            e.printStackTrace();
            throw e;
    }finally {
    connection.close();
        }
    }
//修改会员信息
    public void update(MemberInfo memberInfo) throws SQLException {
        Connection connection = BaseDao.getConn();
        try{
            Statement state = connection.createStatement();//容器
            String sql = "update member_info set MEM_NAME='" +
            memberInfo.getMemName() + "',MEM_AGE='" +
            memberInfo.getMemAge() + "',MEM_SEX='" +
            memberInfo.getMemSex() + "',MEM_ADDRESS='" +
            memberInfo.getMemAddress() + "',MEM_EMAIL='" +
            memberInfo.getMemEmail() + "',MEM_PHONE='" +
            memberInfo.getMemPhone() + "',MEM_PASSWORD='" +
            memberInfo.getMemPassword() + "' where ID='" +
            memberInfo.getId() + "'";
state.executeUpdate(sql);
    }catch (Exception e){
            e.printStackTrace();
            throw e;
    }finally {
    connection.close();
        }
    }
//通过用户名在数据库中查询会员信息
    public MemberInfo findByName(MemberInfo memberInfo) throws SQLException {
        Connection connection = BaseDao.getConn();
        try {
            Statement state=connection.createStatement();//容器
            String sql="select * from member_info where MEM_USERNAME = '" +
            memberInfo.getMemUsername() + "'";            //SQL 语句
            ResultSet rs = state.executeQuery(sql);
            memberInfo = getList(rs);
            connection.close();
            return memberInfo;
    }catch (Exception e){
            throw e;
    }
```

```java
    }
    //通过主键在数据库中查询会员信息
    public MemberInfo findById(MemberInfo memberInfo) throws SQLException {
        Connection connection = BaseDao.getConn();
        try {
            Statement state=connection.createStatement();//容器
            String sql="select * from member_info where ID = '" +
memberInfo.getId() + "'";              //SQL 语句
            ResultSet rs = state.executeQuery(sql);
            memberInfo = getList(rs);
            connection.close();
            return memberInfo;
}catch (Exception e){
            throw e;
        }
}
    //取得全部会员列表
    public MemberInfo getList(ResultSet rs) throws SQLException {
        MemberInfo memberInfo = new MemberInfo();
        while(rs.next()){
           memberInfo.setId(rs.getLong(1));
           memberInfo.setMemUsername(rs.getString(2));
           memberInfo.setMemPassword(rs.getString(3));
           memberInfo.setMemName(rs.getString(5));
           memberInfo.setMemAge(rs.getString(6));
           memberInfo.setMemSex(rs.getString(7));
           memberInfo.setMemAddress(rs.getString(8));
           memberInfo.setMemPhone(rs.getString(10));
           memberInfo.setMemEmail(rs.getString(11));
        }
        return memberInfo;
    }
}
```

8.3.2 会员管理模块中 Servlet 的实现

下面介绍会员管理模块中主要 Servlet 的实现过程。

1. 创建 Servlet

首先，在 src 文件夹中创建名称为 com.cn.servlet.login 的包。其次，在所创建的包中，创建名称为 LoginServlet 的 Servlet 文件，如图 8-9 和图 8-10 所示。

2. 编写 Servlet 代码

在 Servlet 中主要实现 doGet()方法或者 doPost()方法。doGet()方法会自动响应页面以 get 方式提交的请求信息。doPost()方法会自动响应页面以 post 方式提交的请求信息。我们可以在响应请求的方法中实现两个功能：进行页面数据收集和进行相关的业务流程处理。在进行业务流程处理时，可以调用已创建的实体类进行数据封装，还可以调用已经创建的数据库表操作类进行数据的处理。

图 8-9　创建 Servlet 文件　　　　　图 8-10　填写 Servlet 的名称

在已创建的 LoginServlet 文件中添加如下代码。

```java
package com.cn.servlet.login;

import javax.servlet.ServletException;
import javax.servlet.http.HttpServlet;
import javax.servlet.http.HttpServletRequest;
import javax.servlet.http.HttpServletResponse;
import java.io.IOException;
import java.util.List;
import com.cn.Dao.ActivityDao;
import com.cn.Dao.HouseDao;
import com.cn.Dao.MemberDao;
import com.cn.Dao.ServiceDao;
import com.cn.entity.ActivityInfo;
import com.cn.entity.HouseInfo;
import com.cn.entity.MemberInfo;
import com.cn.entity.ServiceInfo;

public class LoginServlet extends HttpServlet {

    @Override
    protected void doGet(HttpServletRequest request, HttpServletResponse response) throws ServletException, IOException { }
    @Override
    protected void doPost(HttpServletRequest request, HttpServletResponse response) throws ServletException, IOException {
        String message = "";
        request.setCharacterEncoding("GBK");
        response.setCharacterEncoding("GBK");
        try{
            HouseDao housedao = new HouseDao();
```

```java
        ServiceDao serviceDao = new ServiceDao();
        ActivityDao activityDao = new ActivityDao();
        List<HouseInfo> houseInfos = housedao.findAll();
        List<ServiceInfo> serviceInfos = serviceDao.findAll();
        List<ActivityInfo> activityInfos = activityDao.findAll();
        if(houseInfos != null &&serviceInfos != null &&activityInfos != null){
        request.getSession().setAttribute("houseInfos",houseInfos );
        request.getSession().setAttribute("serviceInfos", serviceInfos);
        request.getSession().setAttribute("activityInfos",activityInfos);
        }
        //取得页面提交的用户名与密码
        String username = request.getParameter("username");
        String password = request.getParameter("password");
            //验证用户名与密码是否为空
        if (username == null || password == null){
            throw new NullPointerException();
        }
        //把用户封装到MemberInfo 的实体类中
        //调用用户数据处理类MemberDao，通过findByName()方法查询用户是否存在
        //根据查询结果进行页面跳转
        MemberInfo memberInfo = new MemberInfo();
        memberInfo.setMemUsername(username);
        MemberDao dao = new MemberDao();
        memberInfo = dao.findByName(memberInfo);
        if(memberInfo.getId() != null){
        if(memberInfo.getMemPassword().equals(password)){
        request.getSession().setAttribute("memberInfo", memberInfo);
        request.getRequestDispatcher("index.jsp").forward(request, response);
        }else {
            message = "登录失败";
            request.setAttribute("message", message);
            request.getRequestDispatcher("login.jsp").forward(request, response);
         }
        }else {
           message = "用户不存在";
        request.setAttribute("message", message);
        request.getRequestDispatcher("login.jsp").forward(request, response);
        }
}catch (Exception e){
        e.printStackTrace();
        message = "登录失败";
        request.setAttribute("message", message);
        request.getRequestDispatcher("login.jsp").forward(request, response);
    }
  }
}
```

3. 修改 web.xml 文件

在完成了 LoginServlet 文件中的功能代码后，在业务流程中，如果要从 JSP 页面访问

LoginServlet,开发人员就需要在网站的配置文件 web.xml 中进行 Servlet 的配置。

在创建"孕婴网"网站项目时,集成开发环境所提供的项目模板中就已经存在网站配置文件 web.xml。

在 web.xml 文件中添加如下代码。

```xml
<servlet>
<servlet-name>loginMain</servlet-name>
<servlet-class>com.cn.servlet.login.LoginServlet</servlet-class>
</servlet>
<servlet-mapping>
<servlet-name>loginMain</servlet-name>
<url-pattern>/login</url-pattern>
</servlet-mapping>
```

此处的<servlet-name>标记中所指定的名称为页面访问的 Servlet 的实例化对象名称。<servlet-class>标记中的内容为所访问 Servlet 的完整类路径信息。

为了访问方便,还需要配置一个 Servlet 的映射。这样 Servlet 就可以应用在不同的 URL 路径之中了。此处配置<servlet-mapping>标记,把 URL 的访问路径使用的<url-pattern>标记配置为/login。这样,当页面要访问/login 时,页面就会被提交到 com.cn.servlet.login.LoginServlet 进行相关业务处理。

8.3.3 会员管理模块中 JSP 页面的实现

下面介绍会员管理模块中主要 JSP 页面的实现。

1. 创建会员登录页面

在"孕婴网"网站项目的 web 文件夹中,新建 login.jsp 页面。

会员登录页面如图 8-11 所示,页面主要内容包括用户名与密码的输入区域、新用户注册的链接、"登录"按钮等。

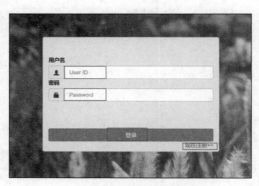

图 8-11 会员登录页面

会员登录页面主要的实现代码如下。

```jsp
<%@page contentType="text/html;charset=GBK" language="java" %>
<html>
<head lang="en">
<meta charset="GBK">
<title>Title</title>
<link rel="stylesheet" href="css/bootstrap.min.css"/>
```

```html
<link rel="stylesheet" href="css/web.css"/>
</head>
<body>
<jsp:include page="WEB-INF/jsp/index/index-header.jsp"/>
<%
   Object message = request.getAttribute("message");
   if (message != null && message!=""){
%>
<script type="text/javascript">
   alert("<%=message%>")
</script>
<%}%>
<div class="login" >
<div class="col-lg-offset-4 col-md-offset-4 col-sm-offset-4 col-lg-4 col-md-4 col-sm-4" style="height: 300px; border-radius: 5px; background-color: #EFEFEF; padding-top: 50px; padding-bottom: 15px">
<form action="login" method="post">
<div class="form-list">
<label class="control-label" for="txt_userId">用户名</label>
<div class="input-group">
<span class="input-group-addon">
<span class="glyphiconglyphicon-user"></span>
</span>
<input class="form-control" name="username" type="text" size="16" value="" style="background-color: white" placeholder="User ID" required/>
</div>
</div>
<div class="form-group">
<label class="control-label" for="txt_password">密码</label>
<div class="input-group">
<span class="input-group-addon">
<span class="glyphiconglyphicon-lock"></span>
</span>
<input class="form-control" name="password" type="password" size="16" value="" style="background-color: white" placeholder="Password" required/>
</div>
</div>
<div class="form-group" style="margin-top: 30px">
<input class="form-controlbtnbtn-success" name="submit" type="submit" value="登录"/>
<a href="register.jsp" style="float: right">现在注册>></a>
</div>
</form>
</div>
</div>
<jsp:include page="WEB-INF/jsp/index/index-foot.jsp"/>
</body>
</html>
```

2. 创建会员注册页面

在"孕婴网"网站项目的 web 文件夹中，新建 register.jsp 页面。

会员注册页面如图 8-12 所示，页面主要内容包括会员信息的填写区域和"提交"按钮等。

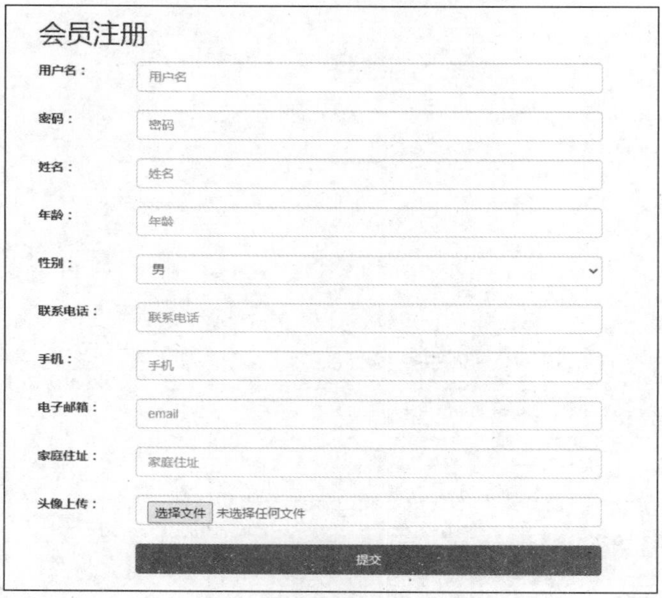

图 8-12　会员注册页面

会员注册页面主要的实现代码如下。

```
<%@page contentType="text/html;charset=GBK" language="java" %>
<jsp:include page="WEB-INF/jsp/index/index-header.jsp"/>
<html>
<head>
<link rel="stylesheet" href="css/bootstrap.min.css"/>
<link rel="stylesheet" href="css/web.css"/>
</head>
<body>
<div class="container">
    <div class="row">
        <div class="col-sm-12">
            <label class="col-sm-12"><h2>会员注册</h2></label>
        </div>
    </div>
    <div class="row">
        <div class="col-xs-7">
            <div class="row">
                <div class="col-sm-12">
                    <form action="register" method="post">
                        <div class="form-group" style="height: 40px">
                            <label class="col-sm-2 control-label" for="txt_memberUserName">用户名：</label>
                            <div class="col-sm-10">
                                <input type="text" class="form-control" id="txt_memberUserName" name="memUsername" placeholder="用户名" required />
                            </div>
                        </div>
```

项目 ❽ "孕婴网"网站的设计与实现

```html
                <div class="form-group" style="height: 40px">
                    <label class="col-sm-2 control-label" for="txt_memberPassword">密码：</label>
                    <div class="col-sm-10">
                        <input type="password" class="form-control" id="txt_memberPassword" name="memPassword" placeholder="密码" required />
                    </div>
                </div>
                <div class="form-group" style="height: 40px">
                    <label class="col-sm-2 control-label" for="txt_memberName">姓名：</label>
                    <div class="col-sm-10">
                        <input type="text" class="form-control" id="txt_memberName" name="memName" placeholder="姓名" required />
                    </div>
                </div>
                <div class="form-group" style="height: 40px">
                    <label class="col-sm-2 control-label" for="txt_memberName">年龄：</label>
                    <div class="col-sm-10">
                        <input type="text" class="form-control" id="txt_memberAge" name="memAge" placeholder="年龄" required />
                    </div>
                </div>
                <div class="form-group" style="height: 40px">
                    <label class="col-sm-2 control-label" for="select_memberSex">性别：</label>
                    <div class="col-sm-10">
                        <select class="form-control" id="select_memberSex" name="memSex" required=""><option value="男">男</option><option value="女">女</option></select>
                    </div>
                </div>
                <div class="form-group" style="height: 40px">
                    <label class="col-sm-2 control-label" for="txt_memberTel">联系电话：</label>
                    <div class="col-sm-10">
                        <input type="tel" class="form-control" id="txt_memberTel" name="memTel" placeholder="联系电话" />
                    </div>
                </div>
                <div class="form-group" style="height: 40px">
                    <label class="col-sm-2 control-label" for="txt_memberPhone">手机：</label>
                    <div class="col-sm-10">
                        <input type="tel" class="form-control" id="txt_memberPhone" name="memPhone" placeholder="手机" required="" />
                    </div>
                </div>
                <div class="form-group" style="height: 40px">
                    <label class="col-sm-2 control-label" for=
```

```
"txt_memberEmail">电子邮箱: </label>
                            <div class="col-sm-10">
                                <input type="email" class="form-control" id=
"txt_memberEmail" name="memEmail" placeholder="email" required="" />
                            </div>
                        </div>
                        <div class="form-group" style="height: 40px">
                            <label class="col-sm-2 control-label" for=
"txt_memberAddress">家庭住址: </label>
                            <div class="col-sm-10">
                                <input type="text" class="form-control" id=
"txt_memberAddress" name="memAddress" placeholder="家庭住址" required="" />
                            </div>
                        </div>
                        <div class="form-group" style="height: 40px">
                            <label class="col-sm-2 control-label" for=
"file_memberPic">头像上传: </label>
                            <div class="col-sm-10">
                                <input type="file" class="form-control" id=
"file_memberPic" name="uploadPic" />
                            </div>
                        </div>
                        <div class="form-group" style="height: 40px">
                            <div class="col-sm-offset-2 col-sm-10">
                                <button type="submit" class="col-sm-12 btn
btn-primary" >提交</button>
                            </div>
                        </div>
                        <jsp:setProperty name="member" property="*"/>
                    </form>
                </div>
            </div>
        </div>
        <div class="col-xs-5">
            <img class="pull-right qr-code-size" src="images/erweima.png" alt="" />
        </div>
    </div>
</div>
<jsp:include page="WEB-INF/jsp/index/index-foot.jsp"/>
</body>
</html>
```

拓展实训任务

任务 8.4 拓展实训任务

本任务主要对"孕婴网"网站中的主页面实现进行讲解。

8.4.1 拓展实训任务简介

当使用者访问"孕婴网"网站时,首先进入的是网站的主页。主页是整个网站的"灵魂",主要有孕婴服务机构的企业形象宣传、服务介绍和联系交流等内容。

"孕婴网"网站的主页主要包括以下 3 个部分。

- 顶部信息显示区:主要用于显示网站的 Logo 和网站的导航信息等内容。

项目 ❽ "孕婴网"网站的设计与实现

- 主显示区:主要用于显示"房间介绍""专业服务"和"套餐活动"等内容。
- 版权显示区:主要用于显示"孕婴网"的版权和孕婴服务机构的联系方式等内容。

"孕婴网"网站的主页如图 8-13 所示。

图 8-13 "孕婴网"网站的主页

"孕婴网"网站的页面布局实现中,主要采用 DIV + CSS 的页面布局技术,并使用 BootStrap 前端框架技术中所提供的 CSS 等相关文件。大家在进行"孕婴网"网站的页面开发时,可以直接将本书配套资源中所提供的 css、fonts、images 和 js 等相关资源,引入所创建的"孕婴网"网站项目的相关文件或文件夹中,如图 8-14 所示。开发者也可以根据自身所掌握的其他技术进行页面的布局实现。

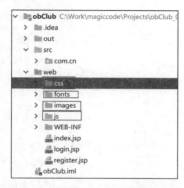

图 8-14 引用网站所需的配套资源

233

8.4.2 拓展实训任务实现

下面介绍"孕婴网"网站主页的主要实现过程。

1. 准备工作

"孕婴网"网站主要页面的基本结构都类似于主页,由顶部信息显示区、主显示区和版权显示区3个部分组成。

顶部信息显示区和版权显示区是整个网站大部分页面都具有的内容。考虑到模块化开发的优势,在制作网站主页前,单独制作顶部信息显示区页面 index-header.jsp 和版权显示区页面 index-foot.jsp。

(1)顶部信息显示区页面的制作。

在"孕婴网"网站项目的 jsp 文件夹的 index 子文件夹中,新建 index-header.jsp 页面。

顶部信息显示区页面主要的实现代码如下。

```jsp
<%@page contentType="text/html;charset=GBK" language="java" %>
<html ng-app="main">
<head>
 <link rel="stylesheet" href="<%=request.getContextPath()%>/css/bootstrap.min.css"/>
 <link rel="stylesheet" href="<%=request.getContextPath()%>/css/web.css"/>
</head>
<body>
<jsp:useBean id="memberInfo" class="com.cn.entity.MemberInfo" scope="session"/>
  <div class="nav">
    <a href="#" style="text-decoration: none">
      <div>
        <img src="<%=request.getContextPath()%>/images/logo.png" class="logo" width="50px">
          
        <img src="<%=request.getContextPath()%>/images/banner.png" class="banner">
      </div>
    </a>
    <div class="tag">
      <div>
        <span class="glyphicon glyphicon-phone">联系电话</span>
      </div>
      <div id="login-btn" >
        <span id="span" class="glyphicon glyphicon-user"></span>
      </div>
      <div id="quit">
        <span id="quit-span">退出</span>
      </div>
    </div>
  </div>
  <div class="title" >
    <a href="<%=request.getContextPath()%>/index.jsp"><div>首页</div></a>
    <a href="<%=request.getContextPath()%>/about.jsp"><div>关于我们</div></a>
    <a href="<%=request.getContextPath()%>/activity.jsp"><div>套餐及活动</div></a>
```

```
        <a href="<%=request.getContextPath()%>/service.jsp"><div>专业服务</div></a>
        <a href="<%=request.getContextPath()%>/org.jsp"><div>企业团队</div></a>
        <a href="<%=request.getContextPath()%>/house.jsp"><div>房间介绍</div></a>
        <a href="<%=request.getContextPath()%>/job.jsp"><div>招贤纳士</div></a>
    </div>

<script src="js/jquery.js"></script>
<%
    if (memberInfo.getMemUsername() == null){
%>
    <script>
        $('#span').text("会员登录")
    </script>
<%}else{%>
    <script>
        $('#span').text("<jsp:getProperty name="memberInfo" property="memUsername"/>")
    </script>
<%}%>

<script type="text/javascript">
  $('#login-btn').click(function () {
    if($('#span').text() == "会员登录"){
      window.location.href='login.jsp'
    }else {
      location.href='user.jsp?username='+$('#span').text()
    }
  })
  $('#quit').click(function (){
      if($('#span').text() != "会员登录") {
          window.location.href='quit'
      }
  })
</script>
</body>
</html>
```

（2）版权显示区页面的制作。

在"孕婴网"网站项目的 jsp 文件夹的 index 子文件夹中，新建 index-foot.jsp 页面。
版权显示区页面主要的实现代码如下。

```
<%@page contentType="text/html;charset=GBK" language="java" %>
<html>
<head>
    <title>孕婴网</title>
    <link rel="stylesheet" href="<%=request.getContextPath()%>/css/bootstrap.min.css"/>
    <link rel="stylesheet" href="<%=request.getContextPath()%>/css/web.css"/>
</head>
<body>
<div class="foot">
```

```html
            <span>联系电话：15111111111  邮箱：obClub@qq.com</span>    
            <span>详细地址：孕婴中心地址</span>
        </div>
    </body>
</html>
```

2. 创建数据访问类

"孕婴网"网站主页中的主显示区用于显示"房间介绍""专业服务"和"套餐活动"这3个板块的内容。每个板块在主显示区中占单独部分，主要展示此板块的前4条图文信息。

下面分别创建"房间介绍""专业服务"和"套餐活动"3个板块所需要的数据访问类。

（1）"房间介绍"数据访问类。

首先，在 src 文件夹中创建名称为 com.cn.Dao 的包。其次，在所创建的包中，创建"房间介绍"数据访问类 HouseDao，以实现对相关数据库表中数据的操作。

在已创建的"房间介绍"数据访问类 HouseDao 文件中添加如下代码。

```java
public class HouseDao {
    //取得所有房间信息列表
    public List<HouseInfo> findAll(){
        Connection connection = BaseDao.getConn();
        try{
            Statement state = connection.createStatement();//容器
            String sql = "select * from house_info";
            ResultSet resultSet = state.executeQuery(sql);
            return getList(resultSet);
        }catch (Exception e){
            e.printStackTrace();
            return null;
        }
    }
    //通过主键查找房间信息
    public List<HouseInfo> findById(String id){
        Connection connection = BaseDao.getConn();
        try{
            Statement state=connection.createStatement();//容器
            String sql = "select * from house_info where ID = " + id ;
            ResultSet resultSet = state.executeQuery(sql);
            return getList(resultSet);
        }catch (Exception e){
            e.printStackTrace();
            return null;
        }
    }
    //把房间信息封装到列表
    private List<HouseInfo> getList(ResultSet resultSet){
        try {
            List<HouseInfo> list = new ArrayList<>();
            while (resultSet.next()){
                HouseInfo houseInfo = new HouseInfo();
```

```
                    houseInfo.setId(resultSet.getLong(1));
                    houseInfo.setHouseTitle(resultSet.getString(2));
                    houseInfo.setHousePrice(resultSet.getFloat(3));
                    houseInfo.setHouseDetail(resultSet.getString(4));
                    houseInfo.setHousePic(resultSet.getBytes(5));
                    houseInfo.setCreatedate(resultSet.getDate(6));
                    houseInfo.setShoworder(resultSet.getInt(7));
                    houseInfo.setIfshow(resultSet.getString(8));
                    list.add(houseInfo);
                }
                return list;
            } catch (Exception e) {
                e.printStackTrace();
                return null;
            }
        }
}
```

（2）"专业服务"数据访问类。

首先，在 src 文件夹中创建名称为 com.cn.Dao 的包。其次，在所创建的包中，创建"专业服务"数据访问类 ServiceDao，以实现对相关数据库表中数据的操作。

在已创建的"专业服务"数据访问类 ServiceDao 文件中添加如下代码。

```
public class ServiceDao {
    //取得所有专业服务列表
    public List<ServiceInfo> findAll(){
        Connection connection = BaseDao.getConn();
        try{
            Statement state = connection.createStatement();//容器
            String sql = "select * from service_info";
            ResultSet resultSet = state.executeQuery(sql);
            return getList(resultSet);
        }catch (Exception e){
            e.printStackTrace();
            return null;
        }
    }
    //通过主键查找专业服务
    public List<ServiceInfo> findById(String id){
        Connection connection = BaseDao.getConn();

        try{
            Statement state=connection.createStatement();//容器
            String sql = "select * from service_info where ID = " + id ;
            ResultSet resultSet = state.executeQuery(sql);
            return getList(resultSet);
        }catch (Exception e){
            e.printStackTrace();
            return null;
        }
```

```
    }
//把专业服务信息封装到列表
    private List<ServiceInfo> getList(ResultSet resultSet){
        try {
            List<ServiceInfo> list = new ArrayList<>();
            while (resultSet.next()){
                ServiceInfo serviceInfo = new ServiceInfo();

                serviceInfo.setId(resultSet.getLong(1));
                serviceInfo.setServiceType(resultSet.getLong(2));
                serviceInfo.setSerTitle(resultSet.getString(3));
                serviceInfo.setSerDetail(resultSet.getString(4));
                serviceInfo.setSerPic(resultSet.getBytes(5));
                serviceInfo.setCreatedate(resultSet.getDate(6));
                serviceInfo.setShoworder(resultSet.getInt(7));
                serviceInfo.setIfshow(resultSet.getString(8));
                list.add(serviceInfo);
            }
            return list;
        } catch (Exception e) {
            e.printStackTrace();
            return null;
        }
    }
}
```

（3）"套餐活动"数据访问类。

首先，在 src 文件夹中创建名称为 com.cn.Dao 的包。其次，在所创建的包中，创建"套餐活动"数据访问类 ActivityDao，以实现对相关数据库表中数据的操作。

在已创建的"套餐活动"数据访问类 ActivityDao 文件中添加如下代码。

```
package com.cn.Dao;

import com.cn.base.BaseDao;
import com.cn.entity.ActivityInfo;

import java.sql.Connection;
import java.sql.ResultSet;
import java.sql.Statement;
import java.util.ArrayList;
import java.util.List;

public class ActivityDao {

    public List<ActivityInfo> findAll(){
        Connection connection = BaseDao.getConn();

        try{
            Statement state=connection.createStatement();//容器
            String sql = "select * from activity_info";
            ResultSet resultSet = state.executeQuery(sql);
```

```java
            return getList(resultSet);
        }catch (Exception e){
            e.printStackTrace();
            return null;
        }
    }

    public List<ActivityInfo> findById(String id){
        Connection connection = BaseDao.getConn();

        try{
            Statement state=connection.createStatement();//容器
            String sql = "select * from activity_info where ID = " + id;
            ResultSet resultSet = state.executeQuery(sql);
            return getList(resultSet);
        }catch (Exception e){
            e.printStackTrace();
            return null;
        }
    }

    public List<ActivityInfo> getList(ResultSet resultSet){

        try {
            List<ActivityInfo> list = new ArrayList<>();

            while (resultSet.next()){
                activityInfo activityInfo = new ActivityInfo();
                activityInfo.setId(resultSet.getLong(1));
                activityInfo.setActTitle(resultSet.getString(2));
                activityInfo.setActExtra(resultSet.getString(3));
                activityInfo.setActDetail(resultSet.getString(4));
                activityInfo.setActPic(resultSet.getBytes(5));
                activityInfo.setActPrice(resultSet.getFloat(6));
                activityInfo.setStartDate(resultSet.getDate(7));
                activityInfo.setEndDate(resultSet.getDate(8));
                activityInfo.setCreatedate(resultSet.getDate(9));
                activityInfo.setShoworder(resultSet.getInt(10));
                activityInfo.setIfshow(resultSet.getString(11));
                list.add(activityInfo);
            }
            return list;
        } catch (Exception e) {
            e.printStackTrace();
            return null;
        }
    }
}
```

3. 创建网站主页

"孕婴网"网站主页 index.jsp 主要的实现代码如下。

```jsp
<%@page import="java.util.List" %>
<%@page import="com.cn.entity.HouseInfo" %>
<%@page import="com.cn.entity.ServiceInfo" %>
<%@page import="com.cn.entity.ActivityInfo" %>
<%@taglib prefix="c" uri="http://java.sun.com/jsp/jstl/core" %>
<%@page contentType="text/html;charset=GBK" language="java" %>
<html>
<head>
<title>Title</title>
</head>
<link rel="stylesheet" href="<%=request.getContextPath()%>css/bootstrap.min.css" />
<link rel="stylesheet" href="<%=request.getContextPath()%>css/web.css"/>

<body>
<%
    List<HouseInfo> houseInfos = (List<HouseInfo>)request.getSession().getAttribute("houseInfos");
    List<ServiceInfo> serviceInfos = (List<ServiceInfo>)request.getSession().getAttribute("serviceInfos");
    List<ActivityInfo> activityInfos = (List<ActivityInfo>)request.getSession().getAttribute("activityInfos");
    Object message = request.getAttribute("message");
    if (message != null && message!=""){
%>
<script type="text/javascript">
    alert("<%=message%>")
</script>
<%}%>
<jsp:include page="WEB-INF/jsp/index/index-header.jsp"/>
<div class="slider row">
<div class="carousel slide" id="slider" data-ride="carousel" ng-controller="sliderCtrl">
<ol class="carousel-indicators">
<li class="active" data-target="#slider" data-slide-to="0"></li>
<li data-target="#slider" data-slide-to="1"></li>
<li data-target="#slider" data-slide-to="2"></li>
<li data-target="#slider" data-slide-to="3"></li>
</ol>
<div class="carousel-inner" role="listbox">
<div class="item active">
<imgsrc="images/slider2.png" alt="" width="100%" height="400px" />
</div>
<div class="item">
<imgsrc="images/slider4.png" alt="" width="100%" height="400px" />
</div>
<div class="item">
<imgsrc="images/slider5.png" alt="" width="100%" height="400px" />
</div>
<div class="item">
<imgsrc="images/slider3.png" alt="" width="100%" height="400px" />
</div>
</div>
```

```html
<a href=".slide" class="left carousel-control" role="button" data-slide=
"prev"><span class="glyphiconglyphicon-chevron-left" aria-hidden="true">
</span><span class="sr-only">Previous</span></a>
  <a href=".slide" class="right carousel-control" role="button" data-slide="next">
<span class="glyphiconglyphicon-chevron-right" aria-hidden="true"></span><span
class="sr-only">next</span></a>
</div>
</div>
<%if(houseInfos != null &&activityInfos != null &&serviceInfos != null){%>
<div class="fast-nav">
<div >
<ul class="nav-ul">
<li><a href="#">快速入口</a></li>
<li><a href="service.jsp">专业服务</a></li>
<li><a href="activity.jsp">套餐活动</a></li>
<li><a href="house.jsp">房间介绍</a></li>
</ul>
</div>
</div>
<div class="container">
<div class="more-list">
<div class="more-list-header">
<h4>房间介绍</h4><small>room</small>
<a href="house.jsp">更多>></a>
</div>

<div class="content" style="margin-top: 3px">
<div class="row">
<% for(int i = 0; i<= 3; i++){%>
<div class="col-lg-3">
<div class="img-thumbnail" style="float: left">
<a href="house_detail.jsp?id=<%=houseInfos.get(i).getId()%>">
<img
src="<%=request.getContextPath()%>/images/houseShowPic?id=<%=houseInfos.get
(i).getId()%>" style="height: 195px;width: 260px" class="img-responsive"
alt="" /></a>
<p><%=houseInfos.get(i).getHouseTitle()%></p>
</div>
</div>
<%}%>
</div>
</div>
</div>
<div class="more-list">
<div class="more-list-header">
<h4>专业服务</h4><small>server</small>
<a href="service.jsp">更多>></a>
</div>
<div class="content" style="margin-top: 3px">
<div class="row">
```

```jsp
<% for(int i = 0; i<= 3; i++){%>
<div class="col-lg-3">
<div class="img-thumbnail">
<a href="service_detail.jsp?id=<%=serviceInfos.get(i).getId()%>&typeId=<%=
serviceInfos.get(i).getServiceType()%>"><img
src="<%=request.getContextPath()%>/images/serShowPic?id=<%=serviceInfos.get
(i).getId()%>" style="height: 195px;width: 260px" class="img-responsive"
alt="" /></a>
<p><%=serviceInfos.get(i).getSerTitle()%></p>
</div>
</div>
<%}%>
</div>
</div>
</div>
<div class="more-list">
<div class="more-list-header">
<h4>套餐及活动</h4><small>active</small>
<a href="activity.jsp">更多>></a>
</div>
<div class="content" style="margin-top: 3px">
<div class="row">
<% for(int i = 0; i<= 3; i++){ %>
<div class="col-lg-3">
<div class="img-thumbnail" style="float: left">
<a href="activity_detail.jsp?id=<%=activityInfos.get(i).getId()%>"><img
src="<%=request.getContextPath()%>/images/actShowPic?id=<%=activityInfos.get
(i).getId()%>" style="height: 195px;width: 260px" class="img-responsive" alt=
"" /></a>
<p><%=activityInfos.get(i).getActTitle()%></p>
</div>
</div>
<%}%>
</div>
</div>
</div>
</div>
<%}%>
<jsp:include page="WEB-INF/jsp/index/index-foot.jsp"/>
<script src="js/jquery.js"></script>
<script src="js/bootstrap.min.js"></script>
</body>
</html>
```

项目小结

本项目主要介绍了"孕婴网"网站的系统功能结构、系统开发环境、系统数据库设计、网站公共模块的实现、网站会员管理模块的实现、网站主页面的实现等知识。通过对本项目的学习，大家对使用 JSP + JavaBean + JDBC + Servlet 的开发技术完成一个网站的设计和实现有了初步的了解，为将来的学习打下坚实的基础。

项目 ❽ "孕婴网"网站的设计与实现

考核与评价

表 8-9 用于记录学习完成人在学习过程中的形成性表现，主要围绕能力素养、知识点掌握和其他表现等情况进行综合性评价。能力考核点从理解学习目标的能力、自主逻辑思维的能力、吸收知识的能力、编写项目程序的能力、解决问题的能力、总结反思的能力 6 个维度进行相关的评价。知识考核点从网站系统功能分析与设计、网站公共模块的实现、网站会员管理模块的实现、网站主页的实现 4 个维度进行相关的评价。表现考核点从学习出勤情况、学习态度情况、学习纪律情况 3 个维度进行相关的评价。综合性评价可以分为优、良、中、合格和不合格 5 个等级。学习指导者可以根据学习完成人在本项目学习过程中的具体表现，在表 8-9 中给出相关部分的评语、得分和综合性评价。

表 8-9 考核与评价表

项目名称			学习完成人		
学习时间			综合性评价		
能力素养情况评分（40 分）					
序号	能力考核点	评语		配分	得分
1	理解学习目标的能力			5	
2	自主逻辑思维的能力			5	
3	吸收知识的能力			5	
4	编写项目程序的能力			10	
5	解决问题的能力			10	
6	总结反思的能力			5	
知识点掌握情况评分（40 分）					
序号	知识考核点	评语		配分	得分
1	网站系统功能分析与设计			10	
2	网站公共模块的实现			10	
3	网站会员管理模块的实现			15	
4	网站主页的实现			5	
其他表现情况评分（20 分）					
序号	表现考核点	评语		配分	得分
1	学习出勤情况			5	
2	学习态度情况			10	
3	学习纪律情况			5	

课后习题

简答题

（1）简述"孕婴网"网站的系统功能结构。

（2）简述"孕婴网"网站的文件组织结构。

（3）简述"孕婴网"网站的系统数据库表设计。